本书系
1. 教育部第二批新工科研究与实践项目——面向自主可控信息技术产业
   学院建设探索与实践（E-JSJRJ20201325）的相关成果；
2. 河南省新工科研究与实践项目——面向信息产业自主可控人才培养的
   现代产业学院建设探索与实践（2020JGLX070）的相关成果。

自主可控计算机生态系统导论

主编　张柯　路凯　张向群　胡涛　杜根远

U0249049

WUHAN UNIVERSITY PRESS
武汉大学出版社

图书在版编目(CIP)数据

自主可控计算机生态系统导论/张柯等主编. —武汉:武汉大学出版社,
2024.7
ISBN 978-7-307-24307-1

Ⅰ.自… Ⅱ.张… Ⅲ.计算机系统—研究 Ⅳ.TP303

中国国家版本馆 CIP 数据核字(2024)第 045532 号

责任编辑:鲍 玲 责任校对:汪欣怡 版式设计:马 佳

出版发行:武汉大学出版社 (430072 武昌 珞珈山)
(电子邮箱:cbs22@whu.edu.cn 网址:www.wdp.com.cn)
印刷:武汉乐生印刷有限公司
开本:787×1092 1/16 印张:9.5 字数:225 千字 插页:1
版次:2024 年 7 月第 1 版 2024 年 7 月第 1 次印刷
ISBN 978-7-307-24307-1 定价:39.00 元

前　言

随着计算机技术的飞速发展和普及，我们进入了一个高度数字化和网络化的时代。计算机生态系统作为这个新时代的核心，涉及计算机硬件、软件、网络和用户等各个方面的交互和整合。计算机生态系统作为社会经济发展的基础技术，发挥着重要的作用，它涵盖了计算机硬件、软件、网络和服务等多个方面，对于国家信息化水平的提高和国民经济的发展起到至关重要的作用。近年来，在国家各部门的推动下，我国在构建自主可控计算机生态系统方面取得了显著进展。例如，华为公司自主研发了鸿蒙操作系统(Harmony OS)，并在不同终端设备上进行广泛应用，这种自主操作系统的出现为国内企业提供了更多选择，增强了计算机生态系统的自主性和可控性；中兴微电子、紫光集团等公司进一步加大自主芯片的研发力度，并取得了显著成果。国内各个学术机构和企业之间的合作与研究也愈加密切，以实现自主可控计算机生态系统为共同目标，大量的研发项目涉及计算机科学和工程领域的重要方向，如人工智能、云计算、区块链、大数据、物联网、元宇宙等，这些研究和合作不仅推动了技术的进步，还为国产计算机生态系统的发展提供了重要支持。

对于我国计算机生态系统的发展和取得的成果，市面上还鲜有作品系统地介绍，教材更是少之又少。基于教育部第二批新工科研究与实践项目——面向自主可控信息技术产业学院建设探索与实践(E-JSJR 20201325)的相关成果和河南省新工科研究与实践项目——面向信息产业自主可控人才培养的现代产业学院建设与实践(2020JGLX070)的相关成果，同时基于计算机专业导论课程的实际需求，许昌学院组织相关老师编写了本教材。本教材内容共10章，首先重点描述国内外计算机行业的发展现状；然后，介绍国产计算机的基础硬件、基础软件、应用软件的发展情况；其次，说明了国产自主可控的云计算技术、大数据技术、物联网技术；再次，介绍了国产自主可控的人工智能技术和区块链技术，最后是总结与展望。

本教材编写组通过教学尝试和不断完善，逐步形成了教材初稿。其中，第1、第5、第9、第10章由张柯撰写，第3、第4、第8章由路凯撰写，第2章由杜根远撰写，第6章由胡涛撰写，第7章由张向群撰写。另外，在教材编写过程中，得到了姚丹丹、张洋、瞿武林、樊志伟等老师的鼎力支持，感谢他们在教材撰写和评审修改等方面给予的帮助。

由于编者水平有限，书中不妥之处在所难免，恳请读者批评指正。

编者

2023 年 10 月

1

目　　录

第1章 绪 论

1.1 引言

近几年，全球范围内信息泄露、系统篡改、域名系统攻击、工控安全、高级持续性威胁(APT)等事故不断，信息安全局势显得日益严峻。中美贸易摩擦不断发酵，美国通过颁布法律法规对包括华为在内的多家中国科技公司进行恶意制裁，说明了科技霸权主义的威胁越来越大，以及国际科技跨国公司并不能彻底摆脱美国政府的控制，中国在战略性高新技术产业实现自主可控的重要性不言而喻，加快国产替代刻不容缓。

2018 年，在全国院士大会上，习近平总书记强调，努力实现关键核心技术自主可控，把创新主动权、发展主动权牢牢掌握在自己手中。发展底层国产自主可控芯片与基础软硬件，是保卫我国信息安全和产业安全的根本保障。努力实现关键核心技术自主可控，把创新主动权、发展主动权牢牢掌握在自己手中。关键核心技术事关创新主动权、发展主动权，也事关国家经济安全、国防安全和其他安全，这对我国国产自主可控计算机生态系统研究和发展提出了要求，并指明了方向。

计算机生态系统包括基础硬件、基础软件和新兴的计算机先进技术。基础硬件主要包括 CPU、GPU、存储设备、网络设备等，基础软件主要包括操作系统、数据库、中间件等。新兴的计算机技术包括人工智能、云计算、大数据、物联网和区块链等。近十年来，我国在计算机生态系统的研究突飞猛进，取得了一系列的技术突破，形成了一定的优势产品，但与国外相比还有一定的差距，构建世界领先的国产自主可控计算机生态系统任重道远。

1.2 国外发展现状

世界上第一台电子数字式计算机于 1946 年 2 月 15 日在美国宾夕法尼亚大学正式投入使用，它的名字叫 ENIAC(埃尼阿克)，其主要任务是为美国海军绘制弹道图。1956 年，晶体管计算机大放异彩，晶体管计算机体积小、速度快、功耗低、性能更稳定，主要用于原子科学的大量数据处理，价格昂贵。1964 年，集成电路计算机开始登上历史的舞台，计算机的体积和价格不断下降，而功能和可靠性不断增强。1980 年后，IBM 研制出个人计算机，在家庭、办公室和学校广泛使用。现今，计算机已经成为每个人不可缺少的智能设备，成为人们日常生活、学习、工作的重要工具。

近几十年来，国外计算机行业发生了巨大变化，陆续出现了一些知名企业，引领计算机生态系统的发展。英特尔是美国的一家主要以研制 CPU 处理器为主要业务的公司，是全球最大的个人计算机零件和 CPU 制造商；微软是一家美国跨国科技公司，也是世界个人计算机(Personal Computer，PC)软件开发的先导，以研发、制造、授权和提供广泛的电脑软件服务业务为主；IBM 是全球最大的信息技术和业务解决方案公司，戴尔以生产、设计、销售家用以及办公室电脑而闻名，不过它同时也涉足高端电脑市场，生产与销售服务器、数据存储设备、网络设备等。

在国外，计算机生态系统正朝着以下几个方向发展：

人工智能和机器学习：人工智能(AI)和机器学习(ML)技术在国外发展得非常迅猛。许多国外公司和研究机构投入大量资源用于开发和应用这些前沿技术，涉及范围包括自动驾驶汽车、自然语言处理、图像识别、医疗保健等领域。

云计算和大数据：云计算和大数据技术也在国外得到广泛应用。云计算提供了灵活、高效和可扩展的计算、存储和服务，许多企业都将自己的业务迁移到云平台上。同时，大数据技术帮助企业收集、存储和分析大规模的数据，从中获得具有价值的洞察和决策支持。

虚拟和增强现实：虚拟现实(VR)和增强现实(AR)技术在娱乐、游戏、教育和培训等领域蓬勃发展。通过使用头戴式设备或其他交互式设备，用户可以沉浸在虚拟的环境中，或者通过增强现实技术将数字内容与真实世界中的场景相结合。

电子商务和移动应用：电子商务和移动应用市场正在迅速增长。许多国外公司通过在线平台进行销售和交易，将传统零售业转为在线渠道。同时，智能手机和移动应用的普及使得人们可以方便地在线购物、社交娱乐以及享受各种服务。

区块链技术：区块链技术作为一种去中心化的分布式数据库，有着广泛的应用前景。它被用于加密货币、金融技术、供应链管理等领域，为数据的安全性、可追溯性和透明性提供了新的解决方案。

软件开发和开源社区：国外的软件开发行业非常活跃，并且拥有众多的开源软件社区和项目。开源软件的兴起促进了协作和知识共享，同时为开发者提供了更多的资源和工具。

1.3　国内发展现状

"十五"时期，国家"863"计划设置 CPU 和 OS 专项，应对"信息产业空芯化危机"；"十一五"起，国家设立"核高基"重大专项，持续十五年，重点支持核心器件、高端芯片和基础软件等关键产品的自主可控；"十二五"时期，国家又重点投入解决国产硬件和软件的适配问题，推进国产产品的示范应用；"十三五"期间，国家进一步明确发展战略，努力构建安全可控的网络技术体系。作为国家"十四五"发展目标的重要抓手，以信息技术产业为根基，通过科技创新，构建国内信息技术产业生态体系。

CPU 芯片、整机、操作系统、数据库、中间件是最重要的产业链环节，CPU 和操作系统位居信创生态核心地位，同时随着新一代信息技术的创新发展，云服务、系统集成也成为信创产业的重要组成部分。目前，国产 CPU 中鲲鹏、飞腾、龙芯采用指令集授权或自研架构，自主先进程度较高。国产主流操作系统中麒麟、统信、中科方德等均是基于 Linux 内核的二次开发，通过以国产 CPU 和操作系统为主导，相关配套软件、硬件产品的深度应用，进一步发挥国产技术架构优势，形成信创应用生态圈，构建自主可控、安全可靠的信创产业体系，解决核心技术和关键环节的"卡脖子"问题。

在国内，计算机生态系统的发展情况如下：

人工智能和大数据：人工智能和大数据技术在国内得到了广泛应用。政府、企业和研究机构纷纷加大对人工智能和大数据领域的投入，并推动相关政策的形成和项目的落实。国内的互联网巨头也积极开展人工智能相关领域的研发和应用。

移动互联网和电子商务：中国的移动互联网和电子商务市场正在蓬勃发展。越来越多的人通过智能手机和移动应用享受在线购物、社交娱乐和各种服务。同时，许多创新型企业也涌现出来，推动移动支付、共享经济和社交网络的发展。

5G 和物联网：随着 5G 技术的推进，物联网在国内得到了迅速发展。5G 网络的高速和低延迟为物联网设备之间的连接提供了更加可靠和高效的通信基础，进一步地促进了车联网、智慧城市、智能家居等领域的发展。

云计算和"互联网+"：国内的云计算市场迅速崛起，许多企业将自己的 IT 资源迁移到云上。同时，政府积极推动"互联网+"战略，鼓励传统行业与互联网技术相结合，提升效率和创新能力。

自动驾驶汽车和智慧交通：国内自动驾驶汽车和智慧交通技术也在加快发展。有多家国内公司进行了自动驾驶技术的研发和测试，并取得了一定的成果。智慧交通系统的建设得到了政府的大力支持。

增强现实和虚拟现实：虚拟现实技术和增强现实技术在国内逐渐广泛应用于娱乐、教育和培训等领域。各种 VR 游戏和 AR 应用也不断涌现，为用户提供更加沉浸式和互动性的体验。

以上是国内计算机技术及相关技术的一些发展现状。由于国内市场庞大且创新活跃，计算机行业具有很大的发展潜力和很强的竞争力。政府的支持和推动也为行业的进一步发展提供了良好的环境。

第2章 基于国产自主可控的基础硬件生态

☞ **学习目标**：掌握基础硬件的概念、主要组成、作用以及工作原理等；了解我国基础硬件自主可控程度以及发展现状等。

☞ **学习重点**：基础硬件概念、主要组成以及工作原理；我国硬件自主可控程度。

基础硬件包括 CPU、GPU 和存储器。CPU 是计算机运算与控制核心，Intel、AMD 主导的 X86 架构与 Acorn 主导的 ARM 架构是全球主流的，也是商用化程度最高的 CPU 架构；GPU 是计算机图形处理器的核心组成部分，包括集成 GPU 和独立 GPU 两大类；存储器是计算机数据储存中心，按用途可以分为主存储器(内存)和辅助存储器，DRAM 内存和 Flash 闪存为当前主流存储器。

2.1 集成电路(IC)

2.1.1 集成电路定义及分类

集成电路(Integrated Circuit，IC)是采用特定的加工工艺，按照一定的电路互联，把一个电路中所需的晶体管、电容、电阻等有源、无源器件，集成在一小块半导体晶片上并装在一个管壳内，成为能执行特定电路或系统功能的微型结构。集成电路由最初的电子管到后期的晶体管，集成电路里的电子元件向着微小型化发展，同时元器件数量也在成倍增长。随着各种先进封装技术如铜互连、浸没式光刻、3D 封装技术的不断涌现，集成电路已由最初加工线宽为 10μm 量级，到 2020 年量产集成电路的加工技术已经达到 5nm。同时，作为集成电路的衬底，硅圆片早期的直径已由最初的 1 英寸(约 25.4mm)增长到现在的 300mm(约 12 英寸)。

集成电路具有体积小，重量轻，引出线和焊接点少，寿命长，可靠性高，性能好等优点，同时成本低，便于大规模生产。它不仅在工用、民用电子设备如收录机、电视机、计算机等方面得到广泛应用，同时在军事、通信、遥控等方面也得到广泛应用。用集成电路来装配电子设备，其装配密度比晶体管提高几十倍至几千倍，设备的稳定工作时间也可大大增加。

集成电路可以按功能结构、制作工艺、集成度、导电类型来分类。

1. 功能结构

集成电路按其功能结构的不同，可以分为模拟集成电路、数字集成电路和数/模混合集成电路三大类。

模拟集成电路又称线性电路,用来产生、放大和处理各种模拟信号(指幅度随时间变化的信号,例如半导体收音机的音频信号、录放机的磁带信号等),其输入信号和输出信号成比例关系。而数字集成电路用来产生、放大和处理各种数字信号(指在时间和幅度上离散取值的信号,例如 5G 手机、数码相机、电脑 CPU、数字电视的逻辑控制和重放的音频信号和视频信号)。

2. 制作工艺

集成电路按制作工艺可分为半导体集成电路和膜集成电路。膜集成电路又分为厚膜集成电路和薄膜集成电路。

3. 集成度

集成电路按集成度高低的不同可分为:SSIC 小规模集成电路(Small Scale Integrated Circuits)、MSIC 中规模集成电路(Medium Scale Integrated Circuits)、LSIC 大规模集成电路(Large Scale Integrated Circuits)、VLSIC 超大规模集成电路(Very Large Scale Integrated Circuits)、ULSIC 特大规模集成电路(Ultra Large Scale Integrated Circuits)、GSIC 巨大规模集成电路(Giga Scale Integration Circuits)。

4. 导电类型

集成电路按导电类型可分为双极型集成电路和单极型集成电路,它们都是数字集成电路。双极型集成电路的制作工艺复杂,功耗较大,代表性的集成电路有 TTL、ECL、HTL、LST-TL、STTL 等类型。单极型集成电路的制作工艺简单,功耗也较低,易于制成大规模集成电路,代表性的集成电路有 CMOS、NMOS、PMOS 等类型。

此外,集成电路还可按用途、应用领域、外形来分类。

2.1.2 我国集成电路发展历程

我国集成电路的发展可分为四个阶段:第一个阶段是 1956—1978 年自力更生的初创期;第二个阶段是 1979—1989 年改革开放后的探索发展期;第三个阶段是 1990—1999 年重点建设期;第四个阶段是 2000 年以来的快速发展期。

1956 年,我国开始把半导体技术的发展提升到国家建设层面,鼓励发展半导体产业。1957 年,我国研制出锗点接触二极管和三极管;1962 年,成功研制出硅外延工艺;1965 年,河北半导体研究所也制造了 DTL 型逻辑电路,随后,上海元件五厂制造出 TTL 电路产品。这些小规模双极型集成电路的出现代表着小规模集成电路在中国诞生。1972 年,我国成功研制出第一块 PMOS 型 LSI 电路;1976 年,中国科学院计算机所利用中国自主研制的 ECL 型电路成功研制出运算 1000 万次的大型电子计算机。在自力更生的初创期,中国集成电路产业的发展主要依靠的是国家投资,发展比较顺利,但是与同一时期世界的集成电路产业发展相比较,中国的发展速度仍然比较缓慢,工业化规模生产方面同国际相比差距较大。

1978 年,伴随着改革开放,中国集成电路产业进入探索发展时期。中国积极引进国外先进的科学技术,建设了多个重点项目。同年,国家投资 13 亿元,支持 24 家企业从国外引进 33 条先进的生产线,1986 年国务院对集成电路等 4 种电子产品实行多项优惠政策。经过了探索发展期的艰苦奋斗,中国集成电路产业取得了一些科研成果,培养了一批专业人才和企业。但是由于西方对中国的技术封锁以及产业发展环境的制约，中国的集成电路产业同国际上的先进水平相比，技术上一直有落后三代左右的差距，国内市场上的高端芯片长期以来几乎全部依靠进口。

20 世纪 90 年代，国家"863"计划对一些集成电路基础研究进行了大力资助，先后实施的"908"、"909"工程使中国的集成电路在产业化方面取得了部分进展，也积累了很多经验和教训。但是，集成电路的发展情况不理想。为了加快集成电路产业的发展，1999年，国家经贸与信息产业部起草了相关芯片企业优惠政策条款。在重点建设时期，国家梳理和整顿了集成电路产业出现的投资过于分散的问题，选择了华晶、华宏、上海贝岭、上海先进等几家集成电路企业作为国家重点扶持和发展对象。

2000 年以来，为了进一步优化集成电路产业发展环境，培育一批有实力和影响力的行业领先企业，国家从财税，投资，融资，研究开发，进口，出口，人才，知识产权、市场等方面进一步加大对集成电路产业的扶持力度。这些政策的出台对中国集成电路产业持续、快速发展起到了重要的推动作用。在国家颁布各项政策的基础上，各级地方政府也相继出台了一系列的配套政策和相关措施，为集成电路产业的发展提供更加优惠、更加具有针对性的扶持政策。

目前，我国台湾地区的集成电路产业已经成为全球集成电路产业主要地区之一，其规模排在美国、日本和韩国之后，位于全球第四。台湾地区的集成电路产业的发展也是一种后来居上的成功模式，其快速发展的根本动力来源于政策的扶持和商业模式的创新。台湾地区的半导体产业早期集中于芯片封装产业，也是从引进技术起步，在此基础上发展出自己的技术，其产品以出口为主。1978 年，张忠谋创建了台湾集成电路公司（TSMC），这是全球第一家专业集成电路制造服务公司，从此开创了集成电路的代工时代，改变了整个集成电路的商业发展模式。在此基础上，台湾地区的晶元制造和集成电路设计产业快速发展，逐步形成设计、制造、封装三位一体的产业发展格局。

中国台湾地区集成电路产业发展大致经历了三个阶段：

1975—1988 年产业引进、消化吸收阶段。此阶段中国台湾地区实施了"集成电路示范工厂设置计划""科学研究发展专案计划""超大规模 IC 计划""电子工业发展计划"，在这些计划的推动下，由台湾电子工业研究所衍生成立了联华电子（UMC）、台积电（TSMC），为中国台湾地区的 IC 产业起步奠定了基础。1980 年由台湾当局主导设立了台湾地区最大的科学园区"新竹科学工业园"（HSIP），并由台湾当局专属的 HISP 管理局专门管理，HSIP 的设立给集成电路企业提供了大量税收、融资、创新政策方面的支持，极大地推动了中国台湾地区集成电路的发展。

1990—1999 年产业成长发展阶段。此阶段中国台湾地区实施了"亚微米计划""台湾芯片设计制造中心计划""台湾工研院系统芯片中心计划"，在这些计划的实施推动下，开启了中国台湾地区对集成电路产业链的革命，确立了中国台湾在全球集成电路产业的地位，以晶元代工为主导模式的垂直分布模式开始形成。

2000 年至今产业自主发展阶段。此阶段中国台湾地区实施了"系统级芯片 SoC 推动联盟计划""SoC 科技专项计划""矽导计划""台湾芯计划""'两兆两星'计划"等计划，在这些计划的实施推动下，成立了如 SoC 推动联盟等一系列专业组织，为中国台湾地区 SoC 技术水平的提升创造了条件。

2.1.3 我国集成电路发展规模

经过几十年的发展，中国大陆已经建立起具有一定技术基础和较强国际竞争力的集成电路产业，目前市场规模稳居世界第一，但与此同时，大陆市场约80%需要进口，其中高端的芯片几乎全部需要进口，这一定程度上反映出大陆集成电路产业对外的依赖性。我国集成电路产业发展的生态环境亟待优化，设计、制造、封装测试以及专用设备、仪器、材料等产业链上下游协同性不足，芯片、软件、整机、系统、应用等各环节互动不紧密。

中国集成电路产业规模已经由2001年不足世界集成电路产业总规模的2%提高到2010年的近9%。中国成为过去10年世界集成电路产业发展最快的地区之一。国内集成电路市场规模也由2001年的1140亿元扩大到2020年的8848亿元。[①]

近年来虽然我国集成电路行业市场规模逐年升高，但我国集成电路行业在关键技术领域还有所欠缺，自给率较低，因此对进口依赖较大，导致贸易逆差较大。2017—2020年，我集成电路进出口数量均呈现上升趋势，且进出口逆差也在不断扩大。2020年中国共进口集成电路5431亿个，较2019年增加985亿个；出口集成电路2596亿个，较2019年增加411个，贸易逆差为2835亿个。截至2021年1—6月，我国累计进口集成电路3123亿个；出口集成电路1514亿个，贸易逆差为1609亿个。[②]

随着国内各行业领域，尤其是存储器、通信芯片、各类传感器等高端领域对集成电路的需求不断上升，推动了国内对集成电路产品的进口。根据海关总署数据显示，2020年我国集成电路进口额为3490.80亿美元，较2019年增长14.74%；出口额为1163.67亿美元，较2019年增长14.73%；2020年我国集成电路行业的贸易逆差为2327.13亿美元。[③]

在国内集成电路产业发展中，集成电路设计业始终是国内集成电路产业中最具发展活力的领域，增长也最为迅速。根据中国半导体行业协会统计，2015—2020年，我国集成电路设计市场销售收入呈逐年增长趋势。2020年我国集成电路设计销售规模为3778亿元，较2019年同比增长23.30%。

当前以移动互联网、三网融合、物联网、云计算、智能电网、新能源汽车为代表的战略性新兴产业快速发展，将成为继计算机、网络通信、消费电子之后，推动集成电路产业发展的新动力。

2.2 中央处理器(CPU)

中央处理器CPU(Central Processing Unit)是计算机的运算和控制核心。它的功能主要是解释计算机指令以及处理计算机软件中的数据，计算机系统中所有软件层的操作，最终都将通过指令集映射为CPU的操作，如图2-1所示。中央处理器主要包括控制器、运算

---

① 腾讯新闻，中国集成电路产业十年分析。
② 腾讯新闻，中国集成电路产业十年分析。
③ 腾讯新闻，中国集成电路产业十年分析。

器，包括高速缓冲存储器及实现联系的数据、控制的总线。控制器是 CPU 核心，由它把计算机的运算器、存储器、I/O 设备等联系成一个有机的系统，并根据各部件的具体要求，适时地发出各种控制指令，控制计算机各部件自动、协调地工作，如图 2-2 所示。

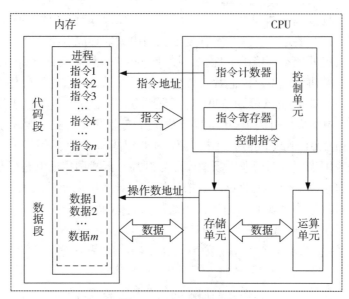

图 2-1　CPU 工作原理

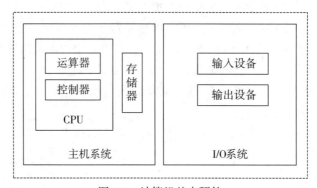

图 2-2　计算机基本硬件

指令集是 CPU 用来计算和控制计算机系统指令的集合。指令就是控制计算机执行某种操作(如加、减、传送、转移等)的命令，指令系统反映了计算机具有的基本功能，是计算机硬件、软件的主要分界面。指令系统是计算机硬件设计的主要依据，也是计算机软件设计的基础，每一种新型 CPU 在设计时就规定了一系列与其他硬件电路相配合的指令系统，是 CPU 性能体现的一个重要标志，不同 CPU 设计厂商的指令集均不相同，而且不兼容。

指令集一般可分为复杂指令集(Complex Instruction Set Computer，CISC)和精简指令集(Reduced Instruction Set Computer，RISC)两种，见表 2-1 和表 2-2。

复杂指令集（CISC）：CISC 的思想是通过庞大且复杂的指令系统，达到增强计算机的功能、提高机器速度的目的。在 CISC 微处理器中，程序的各条指令是按顺序串行执行的，每条指令中的各个操作也是按顺序串行执行的。顺序执行的优点是控制简单，处理高级语言和特定任务的能力强，缺点是结构过于复杂、指令集利用效率不高、执行速度慢。Intel 的 X86 架构系列采用的就是 CISC 指令集思想。

精简指令集（RISC）：相比 CISC 而言，RISC 的指令系统相对简单，只要求硬件执行很有限且最常用的那部分指令，大部分复杂的操作则使用成熟的编译技术，由简单指令合成。同时 RISC 型 CPU 还采用了一种叫作"超标量和超流水线结构"，大大增强了并行处理能力，提高了程序处理速度。目前在中高档服务器中普遍采用 RISC 架构的 CPU，主流 ARM 的 CPU 也采用 RISC。

表 2-1 复杂指令集与精简指令集对比

	复杂指令集（CISC）	精简指令集（RISC）
指令系统	复杂，庞大	简单，精简
指令数目	一般大于 200	一般小于 100
指令格式	一般大于 4	一般小于 4
寻址方式	一般大于 4	一般小于 4
指令字长	不固定	等长
可访存指令	不加限制	只有 LOAD/STORE 指令
各种指令使用频率	相差很大	相差不大
各种指令执行时间	相差很大	绝大多数在一个周期内完成
优化编译实现	很难	较容易
程序源码代码长度	较短	较长
控制器实现方式	绝大多数为微程序控制	绝大多数为硬布线控制
软件系统开发时间	较短	较长

表 2-2 CISC 阵营与 RISC 阵营比较

CPU 类别		优势	劣势	架 构 介 绍
CISC	X86	高性能 占领个人计算机市场早 产业化规模大	高功耗	Intel 和 AMD 持续提升 CPU 性能，在性能方面占据优势； 随着 Wintel 联盟垄断，X86 拥有了庞大国化的用户群，因此兼容性方面也占据绝对优势

CPU 类别		优势	劣势	架 构 介 绍
RISC	ARM	低功耗、低费用、小体积、高性能 定位准确，早早聚焦移动市场 授权模式早，配套 IP 完备	早期芯片性能无法与 X86 抗衡	1984 年，在英国 80%的学校中都配置了应用 ARM 处理器的电脑，风靡一时；1985 年，Intel 80836 发布，ARM 的性能已然无法与其争锋；此后 ARM 专注于研发以低功耗为前提的高性能芯片
	MIPS	早期，MIPS 芯片性能超过 ARM，且功耗低于 ARM 生态开放	对标 Intel，但其性能和功耗并无明显优势授权方式单一，且费用高于 ARM，也导致其软件生态较差，商业化较慢，且由于商业嗅觉不敏锐失去暴火的智能手机市场	1986 年，MIPS 推出 64 位处理器 R2000，是 MIPS 架构的第一个商业实现，也是所有公司都可以使用的第一个商业 RISC 处理器； 1991 年，MIPS 计算机系统的 R4000 微处理器发布，但由于商业与公司内部等多种原因在个人计算机市场几乎没有成功，但被广泛用于工作站和服务器计算机； MIPS 的授权模式为开放的芯片设计方授权，其他厂商可以对方案进行修改，MIPS 在整个 20 世纪里都聚焦于中高端高清盒子、打印机、路由器等市场，在中高端市场，其架构的功耗优势并不明显
	Power PC	可伸缩性好，使用灵活； 早期性能优于 X86； 能耗和散热较 X86 低； 高端服务器领域，可靠性、可用性、可维护性强于 X86	软件生态较 X86 差； 高端服务器价格昂贵	1992 年，Power PC 架构推出，最初其为个人计算机产品而设计。尽管在整个 20 世纪 90 年代中期，Power PC 处理器均达到或超过了最快的 X86 CPU 的基准测试成绩，但由于 Power PC 面向 Windows、OS/2 和 Sun 的客户都存在应用软件极度缺乏的问题，所以最终并未在 PC 市场激起水花； Apple 因为 Power PC 处理器的更高性能，在 Macintosh 个人电脑系列采用了 Power PC 处理器。2005 年，出于软件生态和能耗的综合考虑，Apple 宣布不再在其 Apple Macintoshi 计算机中使用 Power PC 处理器，转而支持 Intel 生产的处理器； 此后，Power PC 芯片主要用于交换机、网络处理器、游戏机，高性能服务器等应用

2.2.1 国产 CPU 自主可控路径

自主研发指令集难度较大。不同的指令集无法兼容，若过分强调指令集的自主发展，之后还要面临重新搭建生态系统的挑战，因此指令集授权加自主研发 CPU 的模式是一种可行的自主可控路径。

自主研发 CPU 需要获得指令集授权,指令集授权方式主要有指令集架构授权和 IP 核授权,其中指令集架构授权自主可控程度更高。

指令集架构授权,可以对指令集架构进行大幅度改造,甚至可以对指令集进行扩展和缩减。由于架构只是设计理念,对被授权企业研发能力要求非常高,设计中出现任何错误,都将造成投资失败。目前国内购买架构授权的企业均是芯片研发能力领先的企业,如华为、飞腾、龙芯和申威等。

IP 核授权,是指以一个内核为基础,然后再加上自己的外设,由此形成自主 MCU(微控制单元)。被授权企业没有权限对内核进行改造,这种方式对企业的研发能力要求比架构授权低,但自主可控性不高。

国产化 CPU 的三种模式见表 2-3。

表 2-3 国产化 CPU 的三种模式

指令集授权方式	技术路线	自主化程度	优点	问题
IP 内核授权	通过授权实现差异化发展;通常基于指令系统进行 SoC 集成设计	低	技术门槛低、时间成本低、性能起点高、生态环境可依赖	自主可控程度低、安全基础不牢靠、购买技术授权成本高
指令集架构授权	基于指令集架构授权自主设计 CPU 核心	较高	拥有自主发展权、安全可控度高	技术门槛高、生态构建较难
自主研制指令集	自建指令集系统	很高	高度自主可控	技术门槛高、生态构建极其难

国产 CPU 厂商得到了相应指令集的架构授权,发展成为 6 大主流厂商:龙芯、飞腾、鲲鹏、海光、申威、兆芯。华为鲲鹏和飞腾获得了 ARM 公司 64 位 ARM v8 指令集的架构授权,有权设计、生产、销售 ARM v8 兼容处理器产品。龙芯获得了 MIPS(Microprocessor without Interlocked Piped Stages)架构授权,申威获得了 ALPHA 架构授权,自主研发处理器内核,并在此基础上,对相关架构指令集进行了拓展,详见表 2-4。

表 2-4 全球主要 CPU 架构

架构名称	授权公司	推出时间	授权方式	国内主要被授权企业
X86	Intel、AMD、VIA	1978	IP 核授权	兆芯(VIA)、海光(AMD 合资)
ARM	Acorn	1985	指令集授权	海思(V8 永久授权)、飞腾(V8 永久授权)
MIPS	美国 MIPS	1980	指令集授权+自研	龙芯
SPARC	SUN	1987	—	飞腾(曾经使用过,现转为 ARM)
Alpha	DEC	1992	指令集授权+自研	申威

2.2.2　龙芯

龙芯是自主可控最高的 MIP S 架构 CPU。"龙芯"技术源于中科院计算产业，沿着市场化的道路不断发展，是我国最早研制的高性能通用处理器系列。2020 年，龙芯中科推出龙芯指令系统(LoongArch)，包括基础架构部分和向量指令、虚拟化、二进制翻译等扩展部分，近 2000 条指令。LoongArch 从顶层架构，到指令功能和 ABI 标准等，全部自主设计，不需国外授权。LoongArch 吸纳了现代指令系统演进的最新成果，运行效率更高，相同的源代码编译成 LoongArch 比编译成龙芯此前支持的 MIPS，动态执行指令数平均可以减少 10%~20%。龙芯指令系统具有较好的自主性、先进性与兼容性，从整个架构的顶层规划，到各部分的功能定义，再到细节上每条指令的编码、名称、含义，在架构上进行自主重新设计，具有充分的自主性。

龙芯主要产品包括面向行业应用的"龙芯 1 号"、面向工控和终端类应用的"龙芯 2 号"以及面向桌面与服务器类应用的"龙芯 3 号"。

（1）"龙芯 1 号"系列处理器，采用 GS132 或 GS232 处理器核，集成各种外围接口，形成面向嵌入式专门应用的单片 32 位 SoC 芯片解决方案，主要应用于云终端、工业控制、数据采集、手持终端、网络安全、消费电子等领域。

（2）"龙芯 2 号"系列处理器，采用 GS464 或 GS264 高性能处理器核，集成各种外围接口，形成面向嵌入式计算机、工业控制、移动信息终端、汽车电子等工控和终端类应用的 64 位高性能低功耗 SoC 芯片。

（3）"龙芯 3 号"系列处理器，片内集成多个 LA464 高性能处理器核以及必要的存储和 I/O 接口，面向高端嵌入式计算机、桌面计算机、服务器、高性能计算机等桌面/服务器类应用。

2020 年 5 月，龙芯联合各产业链发起成立"龙芯生态适配服务产业联盟"，带动产业链上下游协同技术攻关，龙芯优先为联盟伙伴在适配环境、云平台服务、技术支撑、人才培养、方案输出、产业落地等方面提供支持。同月，龙芯推出"龙芯生态创新加速计划"，在首批孵化加速计划的基础上，面向全国招募有意基于龙芯生态构建业务的优秀初创型及成长型企业，包括但不限于电子政务、能源、金融、交通、网信、医疗、教育等行业领域。

2021 年 9 月，龙芯中科正式发布龙芯 3A5000 处理器。该产品是首款采用自主指令系统 LoongArch 的处理器芯片，性能实现大幅跨越，代表了我国自主 CPU 设计领域的最新里程碑成果。龙芯 3A5000 处理器主频 2.3GHz~2.5GHz，包含 4 个处理器核心。每个处理器核心采用 64 位 LA464 自主微结构，包含 4 个定点单元、2 个 256 位向量运算单元和 2 个访存单元。集成了 2 个支持 ECC 校验的 64 位 DDR4-3200 控制器，4 个支持多处理器数据一致性的 HyperTransport 3.0 控制器。支持主要模块时钟动态关闭，主要时钟域动态变频以及主要电压域动态调压等精细化功耗管理功能。

龙芯是目前自主可控度最高的 MIPS 架构芯片。但 MIPS 架构在 X86、ARM 的打压下，市场份额低，生态系统弱，龙芯在构建生态上面临较大挑战。

2.2.3 鲲鹏

鲲鹏是性能最高的国产 ARM 架构 CPU。鲲鹏处理器是华为在 2019 年 1 月向业界发布的高性能数据中心处理器，具有高性能、高带宽、高集成度、高效能四大特点。鲲鹏处理器从指令集和微架构两方面进行兼容性设计，兼容全球 ARM 生态，并围绕鲲鹏处理器打造了"算、存、传、管、智"5 个子系统的芯片族，实现全场景处理器布局。

目前鲲鹏系列已经实现量产的有 Kunpeng 912、Kunpeng 916、Kunpeng 920、Kunpeng 920s，而 Kunpeng 920Lite、Kunpeng 930 及 Kunpeng 930s 目前仍在研发中，Kunpeng 930Lite 尚在规划中。

2019 年，华为发布的鲲鹏 920 处理器是目前性能最高的国产芯片。鲲鹏 920 采用 7nm 工艺，有 64 个内核，工作频率高达 2.6GHz，支持 8 通道 DDR4，以及一对 100G RoCE 端口。鲲鹏处理器基于的 Arm v8 架构，是行业内首款 7nm 数据中心 ARM 处理器，且华为已经取得了 Arm v8 架构的永久授权，处理器核、微架构和芯片也均由华为自主研发设计。此外，在 Memory 子系统上也进行了大量的优化，采用当前典型的 3 级 Cache 的架构，对 Cache 大小以及延时进行了优化设计。

鲲鹏 920 面向数据中心，主打低功耗强性能，性能达到业界领先水平，尤其是整型计算能力，业界标准 SPECintBenchmark 评分超过 930，超出业界标杆 25%，同时能效优于业界标杆 30%，目前从整体性能上看，鲲鹏 920 与芯片龙头 Intel 公司所生产的芯片相比较而言，48 核鲲鹏 920 与 Intel 至强 8180 性能相当，但鲲鹏 920 能耗比对方低 20%，而 64 核的鲲鹏 920 测试性能要远优于 Intel 至强 8180。其性能专为大数据处理和分布式存储等应用而设计，表 2-5 列出了鲲鹏部分华为芯片性能以及产品时间线。

表 2-5　　　　　　　　　　　　　部分华为芯片性能

产品	使用范围	性　　能
鲲鹏 920	服务器	7nm 工艺；64 核；最高 2.6GHz 主频；集成 8 通道 DDR4，总内存带宽 1.5tb/s；支持 PCle4.0 及 CCIX 接口，可提供 640Gbps 带宽
鲲鹏 920s	服务器	内置 4 大核或 8 大核版本，核心频率为 2.6GHz；支持 4 个 DDR4-2400UDIMM 插槽，最大容量 64GB；支持 6×SATA2.0 硬盘接口，支持 2 个 M.2SSD 插槽；支持 1 个 PCle3.0×16、1 个 PCle3.0×4 和 1 个 PCle3.0×1 插槽
昇腾 310	全场景 AI 解决方案	12nmFFC 工艺；八位整数精度(INT8)下的性能达到 16TOPS，16 位浮点数(FP16)下的性能达到 8TFLOPS；最大功耗：8W
昇腾 910	全场景 AI 解决方案	N7+工艺；八位整数精度(INT8)下的性能达到 512TOPS，16 位浮点数(FP16)下的性能达到 256TFLOPS；最大功耗：310W
麒麟 990	手机	7nm 工艺，参数为 1+3+4CPU 架构，8 核 Mali-G77 GPU，双核 NPU，麒麟 ISP 5.0

华为鲲鹏计划，将在未来五年内投资 30 亿元来发展鲲鹏产业生态。鲲鹏计划涉及的合作领域众多，包括服务器与部件、虚拟化、存储、数据库、中间件、大数据平台、云服务、管理服务、行业应用九大领域。已经有超过 80 家合作方的应用往鲲鹏云服务上移植。鲲鹏计划以构建全行业全场景的产业体系为目标，实现产业链上下游共享红利。

2.2.4　飞腾

飞腾是生态最健全的国产 ARM 架构 CPU。天津飞腾信息技术有限公司成立于 2014 年，主要致力于高性能、低功耗集成电路芯片的设计、生产、销售与服务，为用户提供安全可靠、高性能、低功耗的 CPU、ASIC、SoC 等芯片产品、IP 产品以及基于这些产品的系统级解决方案。飞腾 CPU 是也基于 ARM v8 架构自主研发的国产化芯片，但它是中国最早获得 ARMv8 指令集架构授权的芯片设计厂商。

从技术路线角度，飞腾的发展经历了两个阶段：

基于 SPARC 架构（1999—2012 年），生态建设受限。2000 年，飞腾第一款嵌入式 CPU 推出；2005 年，飞腾团队推出了 32 位、64 位的通用 CPU；2009 年推出第一款 8 核高性能 CPU，2012 年飞腾 16 核高性能通用 CPU 推出。但整个 SPARC 架构生态日渐式微，也在一定程度上影响了飞腾 CPU 的进一步推广。

基于 ARM 架构（2014 至今），性能显著提升，生态建设顺利推进。2014 年飞腾基于 ARM 架构的 FT-1500A 推出，性能相当于 Intel Xeon E3，从此开启了技术发展的新篇章。2017 年，飞腾推出 64 核的 FT-2000+ 系列。2019 年，飞腾桌面版 FT-2000/4 问世，采用 16nm 工艺，性能相当于 Intel Core i3 系列。

经过 20 年技术积累，飞腾已经形成完整的多样化算力产品谱系，是国内通用 CPU 里面谱系最全的 CPU 厂家，包括高性能服务器 CPU、高效能桌面 CPU、高端嵌入式 CPU，能为从端到云的各类设备提供核心算力支撑。

高性能服务器 CPU 主打产品是 2017 年量产的 FT-2000+/64，集成 64 个飞腾自研 FTC-662 核，其采用 16nm 工艺，主频 2.0 ~ 2.3GHz，典型功耗 100W，峰值性能 588.8GFlops，可以胜任大规模科学计算、云数据中心应用，性能与 Intel Xeon E5-2695 v3 系列芯片相当，较上一代 FT-1500A/16 整体性能提升 5.5 倍。

高效能桌面 CPU 主打产品是 2019 年量产的 FT-2000/4，集成 4 个飞腾自研 FTC-663 核，16nm 工艺，主频 2.6 ~ 3.0GHz，提供了丰富的接口，安全机制更健全，支持待机和休眠，典型功耗仅有 10W，且可以通过"减核""降频"的方式用于嵌入式系统，整体性能与 Intel Core I5 系列芯片相当，较上一代 FT-1500A/4 整体性能提升 1 倍，功耗降低 33%。

高端嵌入式 CPU 是 FT-2000A/2，集成 2 个飞腾自研 FTC-661 核，主频 1.0GHz，典型功耗 3W，主要应用于嵌入式工业控制领域，也用于瘦客户机等设备。性能显著优于 PowerPC 8640 等国际主流嵌入式 CPU。

飞腾系列是目前国内生态最健全的中央处理器。以飞腾 CPU 和麒麟 OS 为核心的 PK 体系生态是国内成熟度最高的自主可控计算生态，已经成功应用于政府信息化、电力、金融、能源等多个行业领域。2019 年 12 月，在首届生态伙伴大会上，飞腾公布了 2020—2024 的五年发展规划：计划在未来 5 年内持续投入 150 亿以上，用于研发、生态建设和客户保障，将团队扩大到 3000 人以上，建立市场化的激励机制，巩固政务、行业办公市场，开拓金融、通信、能源、交通等业务市场，到 2024 年实现营收超过 100 亿元。随着市场化进程的深化和研发资源投入力度的加大，未来飞腾还有望进一步扩大在信创领域的影响力。

2.2.5　海光

海光是国产 X86 架构 CPU。海光信息技术有限公司成立于 2014 年 10 月 24 日，主要经营业务是科学研究和技术服务等，为中科曙光下属子公司，主营高性能处理器，业务涵盖芯片领域的设计、制造和生产等环节。

2016 年 4 月，AMD 宣布将与海光信息成立合资公司，授权其生产服务器处理器，由于有 AMD 技术做后盾，在国家级超算项目应用广泛。2018 年 7 月启动生产的"Dhyana 禅定"X86 中央处理器(CPU)便是 AMD 与海光合作后的首款定制处理器。禅定基于超微 AMD 公司的 Zen 的结构和代码开发，性能方面与 AMD EPYC 处理器相似。

2019 年 6 月，中科曙光与四川成都合作，建立成都超算中心。Dhyana X86 处理器与中科曙光产品配套，中科曙光也已开始销售搭载海光 Dhyana 处理器的全新工作站 W330-H350 塔式工作站。

2019 年 6 月，美国商务部将天津海光列入"实体清单(指美国为维护其国家安全利益而设立的出口管制条例)"。同月，AMD 宣布不再向其中国合资公司(成都海光)授权新的 X86 IP 产品，但从长期来看，海光具备吸收先进的技术并做出自主改进和升级的能力，供应链的影响将会逐步减弱。在半导体生产线全球化布局的大背景下，公司通过全面梳理供应链，积极寻找可替代部件，也和部分上游企业进行了积极沟通，已经形成了相对完整的应对方案，能够保持公司供应链平稳运行。

2020 年 5 月，中国电信 56314 台服务器集采华为鲲鹏 920 芯片以及海光 Dhyana 系列处理器的 H 系列全国产化服务器，首次将全国产化服务器单独列入招标目录。可以看出受益于性能和生态两方面优势，海光并未完全受制裁影响，产品当下确定性高，获得大量行业端国产订单。但 X86 架构的核心指令集仍然掌握在 Intel 和 AMD 手中，且海光未获得桌面产品授权，下一步海光将在现有的架构基础上，持续迭代创新，维持国产先进性优势。

2.2.6　兆芯

兆芯基于 X86 架构，是成立于 2013 年的国资控股公司，总部位于上海张江，是国内领先的芯片设计研发厂商，在北京、西安、武汉、深圳等地设有研发中心和分支机构。同时掌握 CPU、GPU、芯片组三大核心技术，具备三大核心芯片及相关 IP 设计研发能力。

兆芯是由上海联合投资有限公司(隶属于上海市国资委)和台湾威盛电子共同成立。威盛电子是台湾老牌芯片公司，主要生产主机板的晶片组、中央处理器(CPU)，以及存储器。20 世纪 90 年代末威盛通过收购美国 Cyrix 获得部分 X86 专利授权，是除 Intel、AMD 之外，唯一一家拥有 X86 架构授权的公司，因此兆芯产品继承了威盛与 Intel 的 X86 专利交叉授权许可。

公司成立以来，兆芯已成功研发并量产多款通用处理器产品，并形成"开先""开胜"两大产品系列。2019 年 6 月，兆芯发布开先 KX-6000/开胜 KH-30000 系列处理器，是首款主频达到 3.0GHz 的国产通用处理器，也是业内第一款完整集成 CPU、GPU、芯片组的 SoC 单芯片国产通用处理器，其单芯片性能相比上一代产品提升了多达 50%，同频下的性能功耗比则是上代产品的 3 倍，产品性能与国际主流的 Intel i5 水平相当。

现在兆芯通用处理器及配套芯片已广泛应用于电脑整机、笔记本、一体机、服务器和嵌入式计算平台等产品的设计开发。包括台式机联想开天系列、清华同方超翔系列、上海仪电智通秉时 Biens 系列等；一体机领域有联想开天、同方超翔等；服务器领域则有联想 2U 标准机架式服务器、火星舱全国产化智能存储系统等。同时，在智能交通、网络安全、工业控制领域，也有兆芯的参与。但兆芯目前在信创领域份额还较小。

2.2.7　申威

申威基于 Alpha 架构，主要应用于超算领域。成都申威科技有限责任公司成立于 2016 年，公司依托国家信息安全发展战略，主要从事对申威处理器的产业化推广，核心业务包括申威处理器芯片内核、封装设计、技术支持服务及销售，小型超级计算机研发、测试、销售、服务及核心部件生产，基于申威处理器的软件、中间件开发，嵌入式计算机系统定制化产品服务，集成电路 IP 核等知识产权授权。

Alpha 架构由美国 DEC 公司研制，主要用于 64 位的 RISC 微处理器。后来 DEC 公司被美国惠普收购，无锡的江南计算所买了 Alpha 架构的所有设计资料。江南计算所基于原来的 Alpha 架构，开发出了更多的自主知识产权的指令集，并开发出申威指令系统，推出了申威处理器，见表 2-6。

表 2-6　　　　　　　　　　　　　　　申威主要芯片产品

处 理 器	芯 片 型 号
高性能多线程处理器	SW26010
高性能单核处理器	SW111、SW121（研发中）
高性能多核处理器	SW221、SW411、SW421、SW421M、SW1621
申威国产 IO 套片	SW-ICH2、SW-ICH1

申威处理器是在国家"核高基"重大专项支持下研制的全国产处理器，现已形成申威高性能计算处理器、服务器/桌面处理器、嵌入式处理器三个系列的国产处理器产品线，以及申威国产 I/O 套片产品线。申威作为军方专供 CPU 厂商，军队大部分机密设备均使用申威处理器，因此出于安全性能以及知识产权角度，申威在研发出第一代基于 Alpha 指令集的 CPU 后，将指令集替换为自研的自主可控的申威 64 位指令集，完全区别于原有 Alpha 指令集。因此，基于完全自主指令集架构的申威 CPU 研发能力不受限制，不受美国制裁的威胁，可以为军队、党政机关等高机密、关键行业持续稳定提供支撑，并已经开展了产业化推广。

2016 年 6 月,搭载了申威 SW 26010 以及国产操作系统神威睿思的"神威太湖之光"获得全球超级计算机第一名,并持续 4 年。"神威太湖之光"峰值计算速度达每秒 12.54 亿亿次,是全球首台峰值计算速度超过十亿亿次的超级计算机,软件硬件并行,均为申威自主设计。

2020 年 1 月,中国电科首批申威服务器量产下线。申威在市场化探索初期,与中国电科进行了对接。

2020 年 7 月,申威全国首条服务器规模化生产线在上海松江区正式启用。这标志着中国电科贯彻落实国家战略要求,实现了申威服务器规模化生产。

为使处理器得以推广,申威推出了自主研发的操作系统,实现了从处理器到操作系统,再到上层应用软件的国产化。近期,多家厂商与申威处理器进行兼容认证,涉及操作系统、存储等软件硬件领域。未来,申威处理器将不断地和国产自主可控厂商适配,构建起完善的生态。

2.3 图形处理器(GPU)

图形处理器(Graphics Processing Unit,GPU)也被称为图形处理单元。GPU 是图形处理器(显卡)的核心组成部分,是专门在个人电脑、工作站、游戏机和移动设备上做图像和图形相关运算工作的微处理器,它在我国航空航天、军事国防、高性能计算等领域中都有重要应用。

国产 GPU 的发展落后于国产 CPU。其原因首先是 GPU 对 CPU 有依赖性,GPU 结构没有控制器,必须由 CPU 进行控制调用才能工作,否则 GPU 无法单独工作。其次,相比CPU,开发 GPU 要更加困难,而 GPU 设计师、工程师和驱动程序的开发者都要更少。

GPU 可以分为独立 GPU 和集成 GPU。独立 GPU 使用的是专用的显示存储器,显存带宽决定了和 GPU 的连接速度。独立 GPU 的性能更高,但因此系统功耗有所加大,发热量也较大,同时(特别是对笔记本电脑)占用更多空间。集成 GPU 一般与 CPU 集成在一起。集成 GPU 的制作由 CPU 厂家完成,因此兼容性较强,并且功耗低、发热量小,但性能相对较低,固化在主板或 CPU 上,无法独立更换。表 2-7 列出了集成显卡与独立显卡的区别。

表 2-7　　　　　　　　　　　　　集成显卡与独立显卡的区别

区别	集成显卡	独立显卡
价格	低	高
兼容性	强	弱
性能	较差	较好
升级成本	低	高
耗能	低	高

续表

区别	集成显卡	独立显卡
是否占用内存	是	否
主要生产商	Intel、AMD	AMD、NXVIDIA
主要应用领域	移动计算市场，如笔记本和智能手机	高性能游戏电脑，VR/AR，人工智能

从表 2-8 可看出 GPU 的发展大致可以分为四个阶段，从这四个阶段可以看到，GPU 的发展趋势是将原来仅依赖于 CPU 进行计算的模式用基于 GPU+CPU 的异构模式来取代；仅使用一台计算机进行处理变为使用多台计算机组成的集群进行计算或者使用云计算；GPU 通用计算技术渐渐成为异构计算的主导技术。

表 2-8　　　　　　　　　　　GPU 的发展历史

时　　间	GPU 的特点
1991 年以前	显示功能在 CPU 上实现
1991—2001 年	多为二维图形运算，功能单一
2001—2006 年	可编程图形处理器
2006 年至今	同意着色器模型、GPU 通用计算

在众多的 GPU 制造商和 GPU 品牌中，Intel、NVIDIA 和 AMD 是目前行业的领头羊。Intel 主要生产价廉、低端的集成显卡成品。如果去除了这一部分产品，NVIDIA 和 AMD 则控制了接近 100% 的市场。2020 年 NVIDIA 市值首次超过英特尔，成为半导体业界的标志性事件。2021 年 6 月公布的全球高性能计算机(超级计算机)TOP500 榜单排名的前 10 名中，有六台都部署有英伟达的 GPU。国产 GPU 的发展落后于国产 CPU，直到 2014 年 4 月，景嘉微才成功研发出国内首款国产高性能、低功耗 GPU 芯片。

2.3.1　景嘉微

长沙景嘉微电子股份有限公司成立于 2006 年 4 月。景嘉微是国产 GPU 市场的主要参与者，也是唯一自主开发并且其产品已经实现大规模商用的企业。景嘉微已完成两个系列、三款 GPU 的量产应用，产品覆盖军用和民用两大市场，见表 2-9。

表 2-9　　　　　　　　　　　景嘉微主要 GPU 产品

	JM5400	JM7200	JM7201
流片时间	2014.4	2018.8	
工艺	65nmCMOS	28nmCMOS	28nmCMOS
内核时钟频率	最大 550MHz	最大 1000MHz	最大 1000MHz

续表

	JM5400	JM7200	JM7201
主机接口	PCI2.3	PCIE2.0	PCIE2.0
存储器容量	1GB DDR3	4GB DDR3	4GB DDR3
像素填充率	2.2pixels/s	5.2Gpixels/s	4.8Gpixels/s
显示输出		4路独显	4路独显
视频输入		4路外视频输入	
工作温度	−55℃~+125℃	−55℃~+125℃	0~70℃
存储温度	−65℃~+150℃	−65℃~+150℃	
功耗	不超过6W	桌面小于20W 嵌入式小于10W	桌面10W~15W
尺寸	37.5mm×37.5mm	40mm×40mm	23mm×23mm
应用领域	军用装备	军用装备、民用桌面	民用桌面

2014年4月,景嘉微公司成功研发出国内首款国产高可靠、低功耗GPU芯片——JM5400,具有完全自主知识产权,打破了国外产品长期垄断我国GPU市场的局面,在多个国家重点项目中得到了成功的应用,主要运用于军用市场。

2018年8月,公司自主研发的新一代高性能、高可靠GPU芯片——JM7200流片成功将国产GPU的技术发展提高到新的水平,可为各类信息系统提供强大的显示能力,也是首例进入民用市场的图形芯片。

2019年,公司在JM7200R的基础上,推出了商用版本芯片——JM7201,满足桌面系统高性能显示需求,在保证性能的同时,降低了功耗,缩小了体积,并全面支持国产CPU和国产操作系统,推动国产计算机的生态构建和进一步完善。

2.3.2 芯原微电子

芯原微电子(上海)股份有限公司成立于2001年,是一家依托自主半导体IP,为客户提供平台化、全方位、一站式芯片定制服务和半导体IP授权服务的企业。公司业务范围覆盖消费电子、汽车电子、计算机及周边、工业、数据处理、物联网等行业应用领域。

芯原GPU IP源于公司2016年收购的美国嵌入式GPU设计商图芯技术(Vivante)。芯原在GPU IP领域可拓展性强,性能优越,支持主流图形加速标准,拥有自主可控指令集,可广泛应用于IOT、汽车电子、PC等市场。目前,芯原在图形处理器技术的研发课题包括通用图形处理器运算内核的持续优化和矢量图形处理器DDR-Less技术。

2.3.3 凌久电子

凌久电子创立于1983年,是中国船舶重工集团公司第709研究所控股的高新技术企业。其电子产品包括元器件类产品、基础硬件设备、基础支撑软件、应用类产品四大类。

其中国产通用 GPU GP101 隶属于元器件类产品。

GP101 是由中国船舶重工集团第 709 研究所控股的凌久电子研制,具备完全自主知识产权的图形处理器芯片。它实现了我国通用 3D 显卡零的突破,在信息安全和供货能力方面有充分的保障,可以广泛应用于军民多个领域。

2.4 数据处理器(DPU)

数据处理器(Data Processing Unit,DPU)是以数据为中心构造的专用处理器,是继 CPU、GPU 之后,数据中心场景中的第三颗重要的算力芯片,为高带宽、低延迟、数据密集的计算场景提供计算引擎。可以说,CPU 用于通用计算,GPU 用于加速计算,而数据中心中传输数据的 DPU 则进行数据处理。它是一种新型可编程处理器,高性能网络接口,能以线速或网络中的可用速度解析、处理数据,并高效地将数据传输到 GPU 和 CPU。DPU 有以下三个功能特点:

(1)所有软件定义功能完全在 DPU 上实现。

DPU 的 NVMe SNAP 功能,使得 DPU 在 PCIE 总线上以完整 NVMe 接口设备的形态在主机系统中工作。在这样的部署里,DPU 上运行的 NVMeoF Intiator 软件栈和连接控制,将全闪存阵列上的远端 NVMe SSD Target 直接呈现给服务器操作系统。操作系统只需要用自身的传统本地 NVMe 驱动,就可以直接访问 NVMe 全闪存储池,所有软件定义功能完全在 DPU 上实现。

(2)DPU 加速后带来了性能的提升。

在没有 DPU 之前,因为 NVMeoF 技术对服务器上操作系统的内核有较严苛的要求,使得这项可以极大提升数据中心全闪阵列使用效率很难被应用在 Windows、VMware 和运行旧 Linux 内核的系统中。而通过 DPU 架构的硬件加速,任何兼容 NVMe 指令集的操作系统,都可以像访问本地 NVMe 一样,直接对 DPU 发送 NVMe 指令,所有的块存储功能和工作负载,都完全由远端存储池中的 NVMe 来支撑。通过 DPU 的处理和加速,任何行业应用,都可以透明地享受分离式全闪存存储带来的性能提升。

(3)DPU 助力实现真正的"算存分离"。

DPU 架构和技术,使服务器上运行的业务应用和操作系统内核,用简单的本地存储访问 API,就能实现对复杂分离式/分布式/超融合/软件定义存储系统的高效透明访问。

(4)DPU 释放 CPU 的资源,提高整体运行效率与性能。

DPU 作为计算卸载的引擎,其直接效果是给 CPU"减负",以网络协议处理为例,单是做网络数据包处理,就可以占去一个 8 核高端 CPU 的一半的算力。如果考虑 40G、100G 的高速网络,性能的开销就更加难以承受了。也就是说还未运行业务程序,先接入网络数据就要占去计算资源。与 GPU 不同的是,DPU 面向的应用更加底层。DPU 要解决的核心问题是基础设施的"降本增效",将"CPU 处理效率低下、GPU 处理不了"的负载卸载到专用的 DPU,提升整个计算系统的效率、降低整体系统的总体拥有成本。所以,DPU 可以作为 CPU 的卸载引擎,释放 CPU 的算力到上层应用。

2021 年 10 月 16 日至 17 日，中国计算机学会第二届集成电路设计与自动化学术会议（以下简称 CCF DAC）在武汉举行，会上发布了行业内首部专用数据处理器（DPU）技术白皮书。白皮书重点分析了 DPU 产生背景、技术特征、软件硬件参考架构、应用场景，并对目前已经公布的 DPU 产品做简要的比较分析，为后续 DPU 技术发展提供了技术路线参考。白皮书内容共分为 6 个章节，分别为 DPU 技术发展概况、特征结构、应用场景、软件栈五层模型、业界产品概要介绍、DPU 发展展望。

2.5 存储器

存储器是用来存储程序和各种数据信息的记忆部件，作为计算机的关键部件之一，既可以在程序的运行过程中暂时存储运算数据，也可以完成对数据的长时间记录。

根据存储材料的性能及使用方法的不同，存储器有几种不同的分类方法。

1. 按存储介质分类

半导体存储器：用半导体器件组成的存储器（图 2-3）。

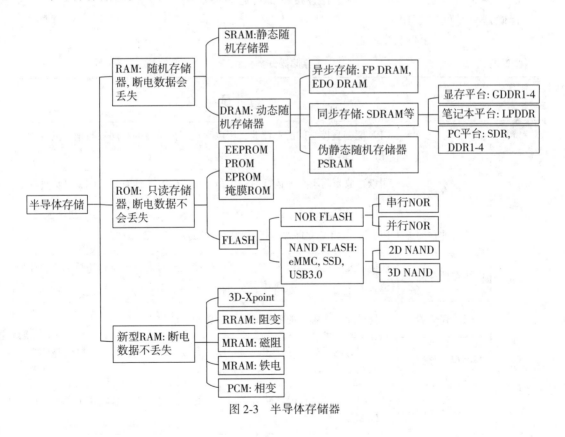

图 2-3　半导体存储器

磁表面存储器：用磁性材料做成的存储器。

2. 按存储方式分类

随机存储器：任何存储单元的内容都能被随机存取，且存取时间和存储单元的物理位置无关。

顺序存储器：只能按某种顺序来存取，存取时间与存储单元的物理位置有关。

3. 按存储器的读写功能分类

只读存储器(ROM)：存储的内容是固定不变的，只能读出而不能写入的半导体存储器。

随机读写存储器(RAM)：既能读出又能写入的半导体存储器。

4. 按信息的可保存性分类

非永久记忆的存储器：断电后信息即消失的存储器。

永久记忆性存储器：断电后仍能保存信息的存储器。

5. 按在计算机系统中的作用分类

主存储器(内存)：用于存放活动的程序和数据，其速度快、容量较小、每位价位高。

辅助存储器(外存储器)：主要用于存放当前不活跃的程序和数据，其速度慢、容量大、每位价位低。

缓冲存储器：主要在两个不同工作速度的部件起缓冲作用。

存储器分类见表 2-10。

表 2-10　　　　　　　　　　　　　　存储器分类

分类方式	类型	简介
与 CPU 的连接和功能	主存储器	CPU 能够直接访问的存储器，用以存放当前运行的程序和数据，又称内存储存器
	辅助存储器	用以存放当前不参加运行的程序和数据，CPU 不能直接访问，又称外存储器
	高速缓冲存储器	用以存放 CPU 立即要运行或刚使用过的程序和数据
存取方式	随机存取存储器	任何单元的内容均可按其地址随机的读取或写入，存取时间与单位物流位置无关
	只读存储器	任何单元的内容只能随机地读出信息而不能写入信息
	顺序存取存储器	所有信息的排列、寻址和读写操作均是按照顺序进行，存取时间与信息与物理位置有关
	直接存取存储器	介于随机和顺序存取存储器之间，目前广泛使用的磁盘就属于直接存取存储器
	按内容寻址存储器	又称相联存储器，先按信息内容寻址，再按地址访问，主要用于快速比较和查找

续表

分类方式	类型	简　介
存储介质	磁芯存储器	采用具有矩形磁滞回线的铁氧体磁性材料制成环形磁芯，两个不同生磁状态存二进制代码
	半导体存储器	指用半导体器件组成的存储器，根据工艺不同可以分为双极型和MOS型
	磁表明存储器	利用涂在机体表面的一层磁性材料存放二进制代码
	光存储器	通过能量高度集中的激光束照在基体表面引起物流或化学变化，记忆二进制信息

DRAM 和 Flash 为当前主流存储器。DRAM 是最常见的系统内存，其性能出色但断电易失，成本较其他易失性存储器更低；Flash 闪存芯片是应用最广的非易失性存储，由于其断电非易失性，在大容量存储领域广泛使用。

从存储系统网络架构来看，存储系统经历了由直连存储(DAS)，到后来的集中存储(SAN、NAS、全闪等)，而随着存储数据量的进一步增长，转向分布式存储的过程。分布式存储系统，是将数据分散存储在多台独立的设备上。传统的网络存储系统采用集中的存储服务器存放所有数据，存储服务器成为系统性能的瓶颈，也是可靠性和安全性的焦点，不能满足大规模存储应用的需要。分布式网络存储系统采用可扩展的系统结构，利用多台存储服务器分担存储负荷，利用位置服务器定位存储信息，它不但提高了系统的可靠性、可用性和存取效率，还易于扩展。

2.5.1　同有科技

同有科技 1988 年诞生于北京理工大学，是中国第一代存储企业，也是国内最早上市(2012 年)的专业存储厂商，致力于构建从芯到系统的存储全产业链。主要从事数据存储、闪存存储、容灾等技术的研究、开发和应用，目前已形成包括混合闪存、全闪存等传统存储、软件定义的分布式存储和行业应用定制存储的产品体系。

2000 年以前，专注于存储行业，确立了国内存储领域的领先地位。2001—2007 年，全国体系的建立和自有品牌业务的快速发展，推出的 NetStor 系列产品覆盖政府、军队、教育、医疗、能源、金融、电信、制造等主要行业，产品累计销量 15000 余套，成为中国存储第一民族品牌。2008 年，率先完成向数据安全厂商的转变，推出中国首款"数据安全"产品——NetStor NRS1000，集中体现数据安全理念，表 2-11 列出了同有科技代表产品。2018 年 7 月，同有科技提出了"闪存、自主可控、云计算"三人战略，发布了业界首款商用自主可控存储系统。未来，同有科技不仅仅针对研发存储产品，而是更加致力于构建完整的自主可控存储生态链，更注重自主可控的能力，摆脱在关键部件、核心技术上对国外产品的依赖。

表 2-11 同有科技的代表产品

类型	产品	特 点
闪存	NetStor NCS9000 NVMe 全闪存储	统一存储，多控集群，高可扩展、高性能存储，数据自动分层，异构存储资源整合，企业级数据保护和高系统可用性等
自主可控	NetStor ACS11000	基于国产飞腾 CPU、麒麟操作系统和同有分布式存储核心软件 TYDS（TOYOU Distributed Storage），硬件、软件均实现自主创新，关键部件全部国产化，提供文件、块、对象、大数据及云存储服务，满足 5G、云、AI 和大数据时代下，接口多样化及海量数据安全存储的需求
企业存储	NetStor iSUM R6550 系列	可同时为用户提供 FC-SAN、IP-SAN 和 NAS 存储功能，满足大型数据库 OLTP/OLAP、高速文件共享、云计算、备份容灾等各种业务需求
分布式存储	NetStor NCS10000F	全闪存分布式文件存储产品，以全闪存硬件平台、端到端的 NVMe 协议、优化的元数据能力和超大规模横向扩展能力，提供千万级 IOPS、TB 每秒级带宽及百亿级小文件共享的强大存储效能
存储网络	NetStor SW9148 光纤交换机	光纤通道交换机，在较高密度下提供低资源消耗，在一台单元上能够提供高达 48 个 16Gbps 的端口。NetStor SW9148 光纤交换机可提供第五代的光纤通道技术和支持高度虚拟化环境的先进功能

2.5.2 长鑫存储

2016 年 5 月，长鑫存储技术有限公司作为一体化存储器制造商，公司专业从事动态随机存取存储芯片（DRAM）的设计、研发、生产和销售，目前已建成第一座 12 英寸晶元厂并投产。DRAM 产品广泛应用于移动终端、电脑、服务器、虚拟现实和物联网等领域，市场需求巨大并持续增长。

长鑫存储实现了首颗国产 DDR4 内存芯片。DDR4 内存芯片是第四代双倍速率同步动态随机存储器。相较于上一代 DDR3 内存芯片，DDR4 内存芯片拥有更快的数据传输速率、更稳定的性能和更低的能耗。长鑫存储技术有限公司自主研发的 DDR4 内存芯片满足市场主流需求，可应用于 PC、笔记本电脑、服务器、消费电子类产品等领域。

LPDDR4X 内存芯片为第四代超低功耗双倍速率同步动态随机存储器，采用了 LVSTL 的低功耗接口及多项降低功耗的设计。在高速传输上，LPDDR4X 内存芯片相较于第三代有着更优越出色的低耗表现，服务于性能更高、功耗更低的移动设备。

DDR4 模组是第四代高速模组，相较于 DDR3 模组，性能和带宽显著提升，最高速率可达 3200Mbps。DDR4 模组是目前内存市场的主流产品，可服务于个人电脑和服务器等传统市场，以及人工智能和物联网等新兴市场。

2.5.3 长江存储

长江存储科技有限责任公司成立于 2016 年 7 月，总部位于武汉，是一家专注于 3D NAND 闪存设计制造一体化的 IDM 集成电路企业，同时也提供完整的存储器解决方案。长江存储为全球合作伙伴供应 3D NAND 闪存晶元及颗粒，嵌入式存储芯片以及消费级、企业级固态硬盘等产品和解决方案，广泛应用于移动通信、消费数码、计算机、服务器及数据中心等产品。

2017 年 10 月，长江存储通过自主研发和国际合作相结合的方式，成功设计制造了中国首款 3D NAND 闪存。2019 年 9 月，搭载长江存储自主创新 Xtacking 架构的第二代 TLC 3D NAND 闪存正式量产。2020 年 4 月，长江存储宣布第三代 TLC/QLC 两款产品研发成功，其中 X2-6070 型号作为首款第三代 QLC 闪存，拥有发布之时最高的 IO 速度，最高的存储密度和最高的单颗容量。

Xtacking®晶栈是长江存储核心专利和技术品牌，代表着长江存储在 3D NAND 存储技术领域的创新进取和卓越贡献。Xtacking®晶栈可实现在两片独立的晶元上加工外围电路和存储单元，这样有利于选择更先进的逻辑工艺，从而让 NAND 获取更高的 I/O 接口速度及更多的操作功能。Xtacking®晶栈技术将外围电路置于存储单元之上，从而实现比传统 3D NAND 更高的存储密度，芯片面积可减少约 25%。充分利用存储单元和外围电路的独立加工优势，实现了并行的、模块化的产品设计及制造，产品开发时间可缩短三个月，生产周期可缩短 20%。此外，这种模块化的方式也为引入 NAND 外围电路的创新功能以实现 NAND 闪存的定制化提供了可能。

长江存储于 2017 年成功设计并制造了首款 32 层 NAND 闪存芯片。2019 年 9 月，长江存储宣布 64 层 NAND 闪存芯片已投入生产，基于 Xtacking 架构的 256Gb TLC 3D NAND 闪存已投入量产。2020 年 4 月，长江存储宣布通过与多个控制器合作伙伴的合作，其 128 层 1.33Tb QLC 3D NAND 闪存芯片 X2-6070 通过了 SSD 平台上的示例验证。

2.5.4 紫晶存储

紫晶存储成立于 2010 年，是国内领先的光存储(光存储设备又简称光驱)高科技企业。公司主营蓝光数据存储系统核心技术的光存储介质、光存储设备和解决方案的生产、销售和服务，具备底层蓝光存储介质技术科技创新实力和相对自主可控能力，是国内具有较强竞争水平的光存储企业。

光存储设备提供批量数据的在线自动刻录、存储、读取，满足企业级数据存储、归档和备份需求的精密自动化电子设备，是蓝光数据存储系统的物理载体。设备由硬件及嵌入式软件组成，实现超大容量光存储空间，支持分布式存储架构，可按需扩展存储结点，实现光存储空间的海量扩充。

公司主要产品包括面向数据中心长期存储数据的 ZL 系列光存储系统、安全可靠的内外网数据互通系统——MBD 系列光盘摆渡机系统、面向档案行业和数据中心的模块化光存储——MHL 系列光存储系统、满足企业多样化数据存储需求——Ame Cloud 云存储产品。目前，紫晶存储产品已覆盖绿色数据中心、政务、互联网、医疗、军工、金融、档案、教育、能源等终端领域。

　　未来，紫晶存储将致力于通过自主创新，面向海量数据爆发式增长背景下深刻的结构性变化的数据存储市场，面向信息技术行业前沿应用，持续完善和深化由光存储介质技术、设备硬件技术、软件技术构成的蓝光数据存储系统技术体系，提供更加安全、高效的大数据智能分层存储技术。

第3章　基于国产自主可控的基础软件

☞ **学习目标：** 了解操作系统、数据库、中间件等基础软件的发展和应用，了解国产自主可控基础软件的发展现状和趋势。

☞ **学习重点：** 操作系统、数据库的功能和应用。

3.1　操作系统

3.1.1　操作系统的定义

计算机系统包含硬件和软件两个组成部分，如图3-1所示，操作系统（Operating System，OS）指的是运行在计算机上的系统软件，它是计算机系统中最基本和最重要的基础性系统软件，也是计算机软件和硬件之间的纽带，其主要功能是协调、管理和控制计算机硬件资源和软件资源。传统的操作系统主要指的就是计算机的桌面操作系统，而广义上的操作系统还包括移动操作系统和其他操作系统（如物联网、嵌入式、云操作系统），不加特殊说明的话，本书中的操作系统主要指的是计算机操作系统。

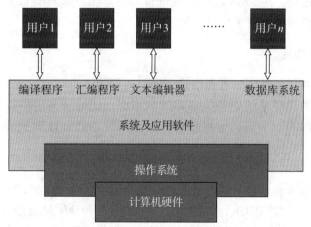

图3-1　计算机系统的组成结构

3.1.2　操作系统启动的一般过程

为了更清楚地说明操作系统，这里讲解一下操作系统的启动过程（苏颖，梁丽莎，张远，2020）。当计算机接通电源后，计算机就开始启动。尽管不同体系结构的计算机启动过程有所不同，但是所有计算机启动的目的都是一致的，即将操作系统的副本加载到内存中，搭建好计算机系统的运行环境。以个人电脑为例，计算机启动可以分为：硬件检测、运行引导程序、初始化操作系统内核、用户登录等几个步骤。

1. 硬件检测

主机电源通电后，计算机主板定时器接收到电源发出的信号，接下来连接在主板上的CPU 就开始工作了，计算机开始进入初始化过程。CPU 首先运行存储在 ROM 中的 BIOS代码，BIOS 运行加电自检程序（POST），对计算机系统中内存、硬盘等设备进行检测，确保各个硬件的状态正常。硬件自检完成后，BIOS 程序搜索硬盘等驱动器中的系统引导程序，然后由引导程序接管系统的控制权。

2. 运行引导程序

硬盘等驱动器第 1 个扇区通常是引导扇区，计算机通电自检完就从引导扇区引导，然后从中找到硬盘驱动器划分的"活动分区"位置，接下来运行活动分区中引导程序，由引导程序负责加载操作系统的内核到内存中。

3. 初始化操作系统内核

内核初始化的过程可以分为 3 个阶段：第 1 个阶段是 CPU 的初始化，这个阶段将设置内核页表、页面映射机制、初始化内核的静态变量和全局变量；第 2 个阶段是系统基础设施的初始化，主要是内存页面初始化、设置各种处理程序入口地址；第 3 个阶段是上层部分的初始化，主要是初始化文件系统、创建核心线程、初始化外部设备和加载该设备的驱动程序等。

4. 用户登录

在内核初始化完成后，系统会创建用于用户登录的 login 进程，这时用户可以通过交互界面输入账号和密码，由 login 进程对其进行验证。用户通过验证后可以进入系统，通过命令行或可视化桌面环境对系统进行操作。

3.1.3　操作系统的功能

操作系统的主要任务是为多道程序运行提供良好的运行环境，使得多道程序能够高效地运行，并能很好地提高系统中各类资源的利用率，还可以为用户提供友好的交互接口（韩彦岭，李净，2018）。为完成这些任务，操作系统应具有处理机管理、存储管理、文件管理、设备管理、提供用户接口几个基本功能。

1. 处理机管理

操作系统中的作业和进程是两个重要的基本概念。作业指的是用户提交给计算机的计算任务；进程是计算机程序的执行过程，处理机的运行和分配是以进程为基本单位的，所以对处理机的管理也可以看作是对进程的管理。处理机管理包括创建和撤销进程、协调进程间的运行和信息交换、通过算法分配处理机进程。

1）进程控制

多道程序环境下，需要为作业创建一个或多个进程，进程控制的主要功能就是为作业创建进程，同时为进程分配资源；撤销已经结束的进程，并回收该进程所占用的各种资源；控制进程在运行过程中的状态转换；在现代操作系统中，进程控制可能还需要为一个进程创建若干个线程或撤销已经结束的线程。

2）进程同步

操作系统中需要设置进程同步机制，以协调多个进程的有序运行。主要的协调方式有互斥和同步两种：一是进程互斥，是指各个进程访问系统中的临界资源时，必须采用互斥的方式；二是进程同步，是指当多个进程相互合作来完成同一个任务时，由同步机制来协调这些进程的执行次序。

3）进程通信

多个进程合作完成同一项任务时，这些进程需要通信来完成信息的交换。当这些进程在同一个系统中，采用直接通信的方式，当这些进程处于不同的系统中，则采用间接通信的方式。

4）作业调度和进程调度

通常操作系统中会有一个后备作业队列，队列中的作业需要通过作业调度来选出若干个作业，并为这些作业提供所需要的资源。在把它们装载到内存中后，还需要为这些作业建立进程，按照一定的算法将这些进程加入进程就绪队列。进度调度就是根据进程调度算法从进程就绪队列中选择一个进程，并分配处理机给这个进程，再设置运行环境，使进程投入运行。

2. 存储管理

存储管理主要是为多道程序运行提供良好的运行空间环境，为用户使用存储器提供方便，提高存储器的利用率并可以从逻辑上扩充内存。同时还有内存分配、内存扩充、内存保护和地址映射等功能（许曰滨，孙英华，程亮，2005）。

（1）内存分配：主要任务是为每道程序分配内存空间，减少不可用的内存空间，提高内存的利用率，允许运行中的程序申请附加的内存空间，以满足程序和数据动态增长的需要。

操作系统通常采用静态和动态两种内存分配方式：动态分配方式中，在装入时已经确定了每个作业的基本内存空间，在作业运行时可以再次申请新的附加内存空间，以满足数据和程序的动态增长需要，同时作业也可以在内存空间中"移动"；在静态分配方式中，装入内存时已经确定好每个作业的内存空间，不允许作业再次申请附加空间，也不允许作业在内存空间中"移动"。

（2）内存扩充：通过外部存储空间来实现虚拟存储技术，从逻辑上扩充内存空间，而不是增加物理内存容量。这样既不用增加硬件的投入，还可以满足用户的需要，允许更多的用户程序并发运行。

（3）内存保护：确保每道用户程序都只在自己的内存中运行，不干扰其他程序的内存空间。一个比较简单的方法是使用两个寄存器保存在运行程序的内存上下界，然后对每条指令要访问的内存地址进行检查，若有超出界限就发出越界中断请求，同时要中止该程序的执行。

（4）地址映射：应用程序通过编译后会生成多个目标程序，目标程序通过链接可生成可装入程序。这些程序的地址都是从"0"开始，程序中其他地址都是相对于这个"0"地址开始计算的，所以这些地址也被称为"相对地址"和"逻辑地址"，而这些地址形成的地址范围被称为"地址空间"。内存中一系列单元所限定的地址范围被称为"内存空间"，其中的地址被称为"物理地址"。

在多道程序环境下，由于每道程序并不是从"0"地址装入内存的，所以内存空间中的物理地址和地址空间中的逻辑地址也不是一致的，这就要求存储管理必须提供地址映射功能，将逻辑地址转换为物理地址，确保程序能够正确运行。

3. 文件管理

现代计算机系统中，数据和程序通常以文件的形式存储在外存中，以方便指定用户或所有用户使用。对此，操作系统中需要有文件管理的功能，这里的文件管理主要是对系统文件和用户文件进行管理，同时还保证文件的安全性。文件管理通常是具有目录管理、文件读写管理和保护、文件存储管理等功能。

(1)目录管理：目录管理主要是由系统为每个文件建立一个目录项，目录项包含文件名、文件属性和文件的位置，系统对目录项进行有效组织，以方便用户能够按文件名存取文件。另外，通过目录管理还应能提供文件的快速检索和文件共享。

(2)文件存储管理：为了方便用户使用，文件系统统一管理文件和文件的存储空间。这里文件存储空间管理主要是为每个文件分配所需要的外存空间，提高外存的利用率，同时还要有助于提高文件系统的存取效率。

(3)文件读写管理和保护：文件的读写管理是根据用户提出的请求，将数据写入外存或从外存读取数据。文件读写时，系统按照用户提供的文件名从文件目录中进行检索，获取到文件在外存的位置后，系统通过文件读(写)指针来读(写)文件。读(写)完成后，系统需要修改读(写)指针，为下一次读(写)做准备。

文件保护是为了防止文件被破坏或被非法窃取，文件系统中采取的有效存取控制功能。

4. 设备管理

设备管理主要是为了完成用户进程的 I/O 请求、提高 I/O 利用率和 I/O 速度、为用户进程分配需要的 I/O 设备、方便用户使用 I/O 设备。为实现上述任务，设备管理还应该有设备分配和设备处理、缓冲管理和虚拟设备等功能。

1)缓冲管理

自从计算机诞生之日起，I/O 设备的低速和处理器高速就一直存在矛盾，通过在两者之间增加缓冲，可以有效缓解 I/O 设备和处理器速度不匹配的问题，从而提高处理器利用率，进一步提高系统的吞吐量。现代计算机系统都在内存中设置有缓冲区，并且还可以扩展缓冲区容量进一步改善系统的性能。

2)设备分配

设备分配是根据用户进程设备请求、系统中现有资源情况，依据某种设备分配方法为进程分配所需的设备。当处理器和 I/O 设备中间还存在设备控制器和 I/O 通道时，分配的设备同时还需要分配对应的通道和控制器。

3)设备处理

设备处理程序又被称为设备驱动程序，其功能是实现处理器和设备控制器之间的通信。当处理器收到控制器发来的中断请求后马上给予响应和处理，当处理器向设备控制器发出 I/O 命令后，要求它完成相关的 I/O 操作。

5. 用户接口

操作系统提供了用户与操作系统的接口，以方便用户的使用。用户与操作系统的接口可分为两类：一是用户接口，用户通过该接口获得操作系统提供的服务；二是程序接口，该类接口主要用于程序员编程时使用，是用户取得操作系统服务的唯一途径。

3.1.4 目前主流的操作系统

根据操作系统的应用场景不同，可将其分为桌面、服务器、移动三大类，目前全球的计算机操作系统主要有 Windows、MacOS、Linux、UNIX 四种，其中美国微软（Microsoft）公司研发的 Windows 系列操作系统占据市场份额最多。下面对几种操作系统进行介绍。

1. Windows

Windows 系列操作系统是美国微软公司（Microsoft）开发的视窗操作系统，Windows 采用图形用户接口（Graphical User Interface，GUI）的操作模式，比之前的指令操作系统（如 MS-DOS 系统）更为人性化，操作更方便。Windows 是目前使用最广泛的桌面操作系统，从最早的 Windows 1.0 到 Windows 3.2，然后是 Windows 95、Windows98、Windows 2000、Windows Me、Windows XP、Windows Vista、Windows 7、Windows 8、Windows 10、Windows 11，操作系统版本不断更新，功能也越来越完善。

2. Mac OS

Mac OS 是由美国苹果公司开发的安装和运行在麦金塔（Macintosh）系列电脑上的操作系统，它是第一个在商用领域获得成功的图形用户界面。1984 年，苹果公司发布了第一套操作系统 System 1.0，从 System 7.6 开始，该操作系统改名为 Mac OS，目前最新的 Mac OS 版本是 Mac OS 12.5。早期的 Mac OS 采用 Mach 作为系统内核，而新的 Mac OS X 使用 BSD Unix 内核，将 Unix 和 Macintosh 融合在一起，其代码被称为 Darwin，其中部分代码是开源的（姬秀娟，李晓娜，贺仁宇，等）。

Mac OS 和 Windows 有不同的软件生态，同一个应用软件需要有两个版本分别在这两个操作系统上安装。Mac OS 和 Windows 也有很多相似之处，例如两个操作系统都使用图形化界面，它们的文件管理系统和系统设备的管理界面都非常相似，熟悉一个系统后，另一个系统也很容易上手使用。

3. Unix

20 世纪 60 年代末，肯·汤普森（K. Thompson）在 PDR-7 小型计算机上开发了 Unix 操作系统，该系统于 1970 年投入使用。丹尼斯·里奇（Dennis Ritchie）开发了 C 语言，并使用 C 语言改写了 Unix 中的汇编语言代码。1974 年，肯·汤普森和丹尼斯·里奇一起写了"The Unix Time-Sharing System"系统，正式向外界公开了 Unix 系统，从此 Unix 系统逐渐流行起来。Unix 系统在计算机操作系统发展的过程中有非常重要的地位，深刻影响了之后的操作系统的设计（赵文庆，2011）。直到现在，世界各国的大学仍然以 Unix 系统的结构来讲授操作系统这门课程。

Unix 系统在结构上分为核心程序（kernel）和外围程序（shell），并且二者有机地结合为一个整体。核心程序负责系统内部各个模块的功能，如处理机管理、存储管理、设备管理和文件系统。Unix 的核心简洁精干，常驻计算机内存但只占很小的空间，这样可以确保系统高效运行。外围程序包含了系统实用程序、应用程序和用户界面，用户通过外围程序来使用计算机。Unix 系统提供了友好的用户界面，用户可以通过操作命令(shell 语言)和面向用户程序的界面两种形式来使用 Unix 系统。图 3-2 所示是 Unix 系统的基本结构。

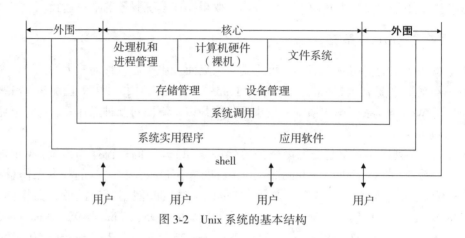

图 3-2　Unix 系统的基本结构

4. Linux

Linux 最初是由芬兰人李纳斯·托沃兹(Linux Torvalds)在赫尔辛基大学上学时，为完成课程作业编写的一个类 Unix 操作系统的内核。后来李纳斯·托沃兹因为个人爱好将其发布在互联网上，由世界各地很多爱好者将其不断完善，Linux 系统成为一个允许免费使用和自由传播的类 Unix 操作系统。Linux 系统是一个基于 Posix 和 Unix 的多用户、多任务、支持多线程和多 CPU 的操作系统。当初开发 Linux 系统的目的就是建立不受任何商业化软件版权制约的，世界都能自由使用的这个类 Unix 的操作系统，因此 Linux 内核是免费且开源的，任何人都可以获得其代码并根据自己的需求进行修改，桌面端是 Linux 操作系统薄弱环节，但其在服务器、嵌入式领域有着不错的市场份额。

Linux 严格来讲只是一个内核，负责控制硬件、管理文件系统、程序进程等，并不为用户提供各种工具和应用软件。因此软件厂商以 Linux 内核为中心，再集成搭配各种各样的系统管理软件或应用工具软件组成一套完整的操作系统，便称为 Linux 发行版。由于 Linux 内核开源，因此任何人和厂商都可以在遵循社区游戏规则的前提下构建 Linux 发行版操作系统，目前已知有超过 300 个 Linux 的发行版，国际上比较知名的 Linux 操作系统有 Debian(衍生出桌面版的 Ubuntu、适用于渗透测试的 Kali)、RedHat(衍生出 CentOS、Fedora)、Gentoo、openSUSE 等，其中 Debian 是社区化运营的产品，其衍生出来的 Ubuntu 是目前最受欢迎的免费操作系统；RedHat 企业级 Linux 发行版是收费的商业化产品，但基于其免费源代码重构的 CentOS 免费。图 3-3 是全球主流 Linux 发行版示意图。

3.1.5　国产操作系统

从 20 世纪 70 年代末一直到现在，我国研发出多种国产操作系统，这些操作系统大体上可以分为自主研发和基于 Linux 内核两个类别。

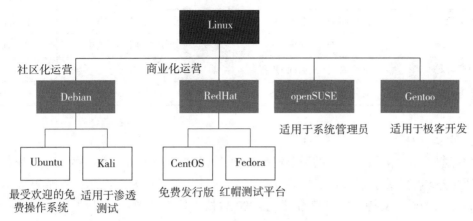

图 3-3　全球主流 Linux 发行版示意图

　　自主研发操作系统指的是从无到有开发的操作系统，其中的知识产权完全自主可控。例如，1989 年由中国软件牵头，众多研究院所和高校参与开发的自主操作系统 COSIX 就是采用完全自主的开发策略。COSIX 不依赖国外已有的成果，整个操作系统完全由我国开发人员开发，只有产品的规格定义参照国际标准。COSIX 系统在关键技术上有很多突破，但是由于开发团队的限制，特别是"闭门造车"的开发方式，导致 COSIX 系统的产业生态薄弱，市场规模非常有限，在广泛产业化方面没有获得成功[1][2]。

　　目前大部分国产化操作系统均采用开源操作系统内核 Linux 开发，从而实现自主可控。市场上共诞生了超过二十个不同版本的国产操作系统，这些系统多是基于 Debian 或 RedHat 等 Linux 系统的衍生版本，以开源项目的 Linux 内核为基础，由国内软件公司自主对内核代码进行一定的修改和补充，并加入图形界面(GUI)和常用的应用，形成应用于桌面端的 Linux 操作系统发行版。目前市场上主流的国产操作系统包括麒麟 OS(中标麒麟、银河麒麟)、UOS(统信软件)、普华软件、中兴新支点、凝思、中科方德以及华为的开源欧拉操作系统 OpenEuler 等。表 3-1 是几款主流国产操作系统的介绍。

表 3-1　　　　　　　　　　　　　主流国产操作系统

名称	主要产品	股东背景	技术流派
中标软件	服务器 OS、桌面 OS、移动端 OS	中国软件(50%)	CentOS、Fedora
银河麒麟	服务器 OS、桌面 OS	中国软件(36%)	Ubuntu
UOS	服务器 OS、桌面 OS	诚迈科技(44.44%)、三六零、绿盟信息	Ubuntu

---

① 中国信创产业发展白皮书，2021.
② 亿欧智库. 2021 国产桌面操作系统生态发展研究报告，2021.

续表

名称	主要产品	股东背景	技术流派
普华软件	服务器 OS、桌面 OS	太极股份(86.19%)	Debian
中兴新支点	服务器 OS、桌面 OS	中兴通讯	CentOS
中科方德	服务器 OS、桌面 OS	中科院软件所	CentOS
欧拉(OpenEuler)	服务器 OS、桌面 OS	华为	CentOS

1. 中标麒麟

中标麒麟是中国软件旗下的子公司中标软件开发的基于 Linux 内核的操作系统，该操作系统生态环境丰富，目前已经完成了产品实现对龙芯、申威、兆芯、鲲鹏等自主 CPU 及 X86 平台的同源支持，并且兼容超过 4000 款核心软件和硬件，提供统一的用户体验，是目前国内最成熟、应用范围最广的国产操作系统之一①。中标麒麟有服务器操作系统和桌面操作系统两类，图 3-4 所示是中标麒麟桌面操作系统的桌面环境。

图 3-4　中标麒麟桌面操作系统的桌面环境

2. 银河麒麟

银河麒麟是中国软件旗下的子公司天津麒麟开发的基于 Linux 内核操作系统，该系统同源支持飞腾、鲲鹏、海思麒麟、龙芯、申威、海光、兆芯等国产 CPU 和 Intel、AMD 平台，通过功耗管理、内核锁及页拷贝、网络等针对性的深入优化，大幅提升系统的稳定性和性能。系统中的软件商店精选了包括自研应用和第三方商业软件在内的各类应用数千款，同时提供 Android 兼容环境和 Windows 兼容环境，为用户提供了高效便捷的办公环

---

① 麒麟软件有限公司官方网站首页[EB/OL]. [2022.07.30]. https：//www.kylinos.cn/.

境①。银河麒麟也有服务器操作系统和桌面操作系统两个类别，图 3-5 所示是银河麒麟桌面操作系统的桌面环境。

图 3-5　银河麒麟桌面操作系统的桌面环境

3. 统一操作系统 UOS

UOS 是由统信软件开发的一款基于 Linux 内核的操作系统，分为桌面操作系统和服务器操作系统。统一桌面操作系统以桌面应用场景为主，统一服务器操作系统以服务器支撑服务场景为主。UOS 是以深之度公司的 Deepin OS 为基础开发的，可以理解为 Deepin 是社区化版本，而 UOS 是 Deepin 的商业化版本。目前 UOS 已经完成了对龙芯、飞腾、鲲鹏、申威、海光、兆芯六大国产 CPU 的适配，并且还提供了兼容 X86、ARM、龙芯、服务器多个镜像版本②。

UOS 系统深度绑定华为，受益于华为鲲鹏产业链发展。2019 年 9 月，华为在推出的荣耀 MagicBook Pro 锐龙版笔记本预装了 UOS 桌面版操作系统，后续在华为 Matebook 系列笔记本中提供 Linux 预装版本，这是国产操作系统在民用电脑的突破。

4. 中科方德

中科方德有服务器操作系统、桌面操作系统、云计算系统等多个产品。以方德桌面操作系统为例，系统能够适配海光、兆芯、飞腾、龙芯、申威、鲲鹏等国产 CPU，支持X86、ARM、MIPS 等主流架构，可良好支持台式机、笔记本、一体机及嵌入式设备等形态整机、主流硬件平台和常见外设。方德桌面操作系统还预装了软件中心，为用户提供丰富好用的国产软件及开源软件。中科方德的新版本操作系统还推出了"融合生态新平台"，该平台使众多 Windows 应用软件也可以在方德系统上使用，从而极大地丰富了系统的应用生态③。

---

①　麒麟软件有限公司官方网站首页［EB/OL］.［2022.07.30］. https：//www.kylinos.cn/.

②　统信软件技术有限公司. 首页［EB/OL］.［2022.08.03］. https：//www.deepin.com/.

③　中科方德软件有限公司. 首页［EB/OL］.［2022.08.03］. http：//www.nfschina.com/.

5. 华为鸿蒙操作系统(Harmony OS)

Harmony OS 是我国华为公司开发的一款基于微内核，面向全场景的分布式操作系统，主要应用于智能手机、智能手表、无人机等智能终端，该系统在 2019 年 8 月 9 日举行华为开发者大会上正式发布。Harmony OS 为不同设备的智能化、互联与协同提供了统一的语言，带来简洁、流畅、连续、安全可靠的全场景交互体验。2022 年 7 月 27 日，华为在新品发布会上发布了最新的 Harmony OS 3.0，目前搭载 Harmony OS 的设备已经超过 3 亿台①。

鸿蒙问世时恰逢中国整个软件业亟需补足短板，鸿蒙给国产软件的全面崛起产生战略性带动和刺激。中国软件行业枝繁叶茂，但没有根，华为要从鸿蒙开始，构建中国基础软件的根。美国打压华为对鸿蒙问世起到了催生作用，而美国倒逼中国高科技企业的压力已经成为战略态势。中国全社会已经下了要独立发展本国核心技术的决心，Harmony OS 的出现也代表了中国高科技必须开展的一次战略突围，是中国解决诸多"卡脖子"问题的一个带动点②③。

3.2　数据库

3.2.1　数据库的定义

数据库(Database)是一个按数据结构来存储和管理数据的计算机软件系统，是一个长期存储在计算机内的、有组织的、可共享的、统一管理的大量数据的集合。数据库是数据的集合，具有统一的结构形式并存放于统一的存储介质内，是多种应用数据的集成，并可被各个应用程序共享。数据库管理系统(Database Management System，DBMS)是为管理数据库而设计的电脑软件系统，一般具有存储、截取、安全保障、备份等基础功能，数据库管理系统主要分为关系型数据库和非关系型数据库两种。

3.2.2　数据库的基本概念

1. 数据(Data)

数据是描述事务的符号记录，数据有多种表现形式，如文字、数字、图形、图像、声音和语言等，它们都可以经过数字化后存入计算机(王珊，萨师煊，2014)。以学生档案为例，档案中的学生记录就是数据。如果档案中包含了学生的姓名、性别、年龄、出生年月、籍贯和入学时间，则一个学生的记录可以描述为：

(张三，男，20，2001 年 6 月，河南许昌，计算机系，2022)

---

①　鸿蒙操作系统[EB/OL].[2022.08.03].https：//www.harmonyos.com/.

②　环球时报.社评：鸿蒙，中国高科技突围的英勇带动点[EB/OL].[2022.08.03].https：//3w.huanqiu.com/a/de583b/9CaKrnKm6md? s=a%2Fde583b%2F9CaKrnKm6md.

③　新华网.华为发布鸿蒙系统 2.0 国产自主操作系统明年实现商用[EB/OL].[2022.08.03].http：//www.xinhuanet.com/tech/2020-09/11/c_1126480603.htm.

这里的学生记录就是数据，该数据的含义可以解释为张三是某高校的大学生，性别男，2001 年 6 月出生，河南省许昌人，2022 年考入计算机系。

2. 数据库(DataBase，DB)

数据库是指长期存储在计算机内的、有组织的，可共享的数据集合。数据库中的数据按一定的数据模型组织、描述和储存，具有较小的冗余度、较高的数据独立性和易扩展性，并可为各种用户共享。

3. 数据库管理系统(Database Management System，DBMS)

数据库管理系统是位于用户与操作系统之间的一层数据管理软件，它的主要任务是科学地组织和存储数据库，以及高效地获取和维护数据。DBMS 的主要功能包括以下几个方面：

(1)数据定义。DBMS 提供数据定义语言，用户通过数据定义语言对数据库中的数据对象进行定义。

(2)数据操纵功能。DBMS 提供了数据操作语言，为用户提供了插入、删除、查询、修改等数据库的基本操作。

(3)数据库的运行管理。数据库在建立、运用和维护时由数据库管理系统统一管理、统一控制，以确保数据的安全性、完整性、多用户对数据的并发使用及发生故障后的系统恢复。

(4)数据库的建立和维护功能。数据库的建立和维护功能包括数据库初始数据的输入、转换功能，数据库的转储、恢复功能，数据库的重组织功能和性能监视、分析功能等。

4. 数据库系统(DataBase System，DBS)

数据库系统由数据库、数据库管理系统、应用系统、用户和数据库管理员组成，就是指在计算机系统中引入数据库后的系统，很多时候会将数据库系统简称为数据库。数据库系统的组成结构如图 3-6 所示。

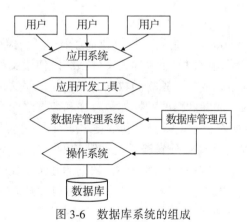

图 3-6　数据库系统的组成

3.2.3　数据库管理技术的产生和发展

这里首先介绍一下数据处理和数据管理的概念，数据处理是指对各种数据进行收集、存储、加工和传播的一系列活动的总和；数据管理则是指对数据进行分类、组织、编码、存储、检索和维护，它是数据处理的中心问题。

最早人们主要使用人工来管理数据，后来随着数据管理任务需求的形成产生了数据库技术。数据管理技术发展至今共经历了人工管理、文件系统、数据库系统三个阶段。

1. 人工管理阶段

在 20 世纪 50 年代中期之前，计算机的主要任务只是科学计算，这个时候还没有操作系统和管理数据的软件，也没有硬盘和软盘等外存设备，只能使用纸带和磁带等设备存取数据。人工管理的数据不进行长期保存，数据由应用程序来管理，一组数据只对应一个程序，如图 3-7 所示。程序之间没有数据共享，数据不具有独立性，如果数据的物理结构和逻辑结构发生改变，程序也需要做相应的改变，编码人员的负担非常重。

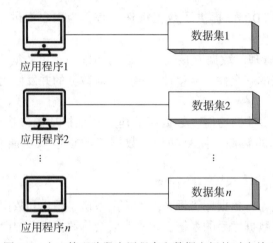

图 3-7　人工管理阶段应用程序和数据之间的对应关系

2. 文件系统阶段

20 世纪 50 年代后期到 60 年代中期，计算机有了磁盘和磁鼓等外存设备，并且已有了操作系统和专门的数据管理软件，一般称为文件系统。使用文件系统管理的数据可以长期保存，文件系统将数据组织成相互独立的数据文件，并按照文件名进行访问，按记录存取，从而实现文件的插入、删除和修改的操作。程序和数据之间可以由文件系统提供存取方法进行转换，如图 3-8 所示，这使得程序和数据之间有了一定的独立性，程序员不用过多地考虑数据的物理结构细节，从而节省了程序维护的工作量(陈漫红，2021)。但在文件系统中，一个文件基本上对应一个应用程序，数据的冗余度比较大，数据共享性差，也容易出现数据的不一致性。在文件系统中，数据的独立性也比较差，当数据的逻辑结构改变时，还需要修改应用程序和文件结构的定义。

3. 数据库系统阶段

自从 20 世纪 60 年代后期，计算机开始配备大容量磁盘，用于管理的数据量剧增，同时多种语言、多种应用相互覆盖地共享数据集合的需求也越来越强。文件系统的数据管理方式已经不能满足当时的需求，这个时候出现了统一管理数据的数据库管理系统，应用程序与数据库之间的关系如图 3-9 所示。

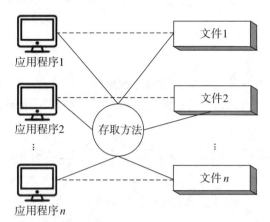

图 3-8 文件系统阶段应用程序与数据之间的对应关系

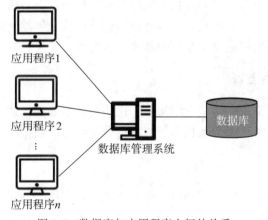

图 3-9 数据库与应用程序之间的关系

与之前的数据管理方式相比，数据库系统中的数据是结构化的，描述数据时不仅要描述数据本身，还要描述数据之间的联系。在数据库系统中，数据不再针对某一个应用，而是面向全组织，具有整体的结构化。不仅数据是结构化的，而且存取数据的方式也很灵活，可以存取数据库中的某一个数据项、一组数据项、一个记录或一组记录。而在文件系统中，数据的最小存取单位是记录，粒度不能细到数据项。

数据库系统中数据的共享性高，冗余度低，还易于扩充。这是因为数据库系统是从整体角度看待和描述数据的，数据可以被多个用户、多个应用共同使用，这样可以大大减少数据冗余，节约存储空间，还能够避免数据之间的不相容性与不一致性。

数据库系统中数据的独立性高。数据是由 DBMS 管理的，用户程序不需要了解数据在数据库中是怎样存储的，应用程序要处理的只是数据的逻辑结构，这样当数据的物理存储改变了，应用程序也不用改变。数据与程序的独立，数据的定义和程序是分离的，大大减少了应用程序的维护和修改。

数据由 DBMS 统一管理和控制，可以实现多个用户共同使用同一数据，同时还提供了数据的安全性保护、数据的完整性检查、并发控制和数据库恢复等几个方面的数据控制功能。

3.2.4　数据模型的概念

数据模型是现实世界特征的抽象，在构建数据模型的过程中，人们通常首先将现实世界抽象为信息世界，再将信息世界转换为计算机世界，如图 3-10 所示。

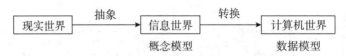

图 3-10　现实世界中客观对象的抽象过程

信息世界又称为概念世界，是现实世界在人脑中的反映，是经过人脑分析、归纳和抽象形成的信息。计算机世界，又叫做机器世界和数据世界，即对信息世界中的信息的数据化，将信息用字符和数值等数据表示。信息世界到计算机世界的转换是使用数据模型来描述的，数据库中存放的数据的结构是由数据模型决定的。

3.2.5　数据模型的组成要素

数据模型是严格定义的一组概念的集合，这些概念精确地描述了系统的静态特性、动态特性和完整性约束条件，所以数据模型通常由数据结构、数据操作和数据完整性约束三部分组成。

1. 数据结构

数据结构用于描述系统的静态特性，是所研究的对象类型的集合，这些对象是数据库的组成成分，它们包括两类：一类是与数据类型、内容、性质有关的对象，例如网状模型中的数据项、记录，关系模型中的域、属性、关系等；另一类是与数据之间联系有关的对象，例如网状模型中的关系模型。

数据结构是刻画一个数据模型性质最重要的方面。因此，在数据库系统中，通常按照其数据结构的类型来对数据模型进行命名。例如，层次结构、网状结构和关系结构的数据模型分别命名为层次模型、网状模型和关系模型。

2. 数据操作

数据操作是指对数据库中各种对象(型)的实例(值)允许执行的操作的集合，包括操作及有关的操作规则。数据库主要有检索和更新(包含插入、删除、修改)两大类操作，数据模型必须定义这些操作的确切含义、操作符号、操作规则(如优先级)以及实现操作的语言，数据操作是对系统动态特性的描述。

3. 数据完整性约束

数据的约束条件是一组完整性规则的集合。完整性规则是给定的数据模型中数据及其联系所具有的制约和储存规则，用于限定符合数据模型的数据库状态及状态的变化，以保证数据的正确、有效和相容。

数据模型应该反映和规定本数据模型必须遵守的基本的、通用的完整性约束条件，还应该提供定义完整性约束条件的机制，以反映具体应用所涉及的数据必须遵守的特定的语义约束条件。

3.2.6　数据模型的分类

数据模型与数据库管理系统支持的数据和联系的表示与存储方法有关，不同的数据模型具有不同的数据结构形式。目前常见的数据模型有层次模型（hierarchical model）、网状模型（network model）、关系模型（relational model）和面向对象模型（object oriented model），其中层次模型和网状模型统称为非关系模型。

1. 层次模型

层次模型采用树形结构表示各类实体及实体间的联系，它是数据库系统中最早出现的数据模型。现实世界中许多实体之间的联系本来就呈现出一种很自然的层次关系，如行政机构、家族关系等。层次模型的数据结构为：①只有一个结点没有双亲结点，称为根结点；②根以外的其他结点有且只有一个双亲结点。

2. 网状模型

在数据库中，把满足以下两个条件的基本层次联系集合称为网状模型：允许一个以上的结点无双亲；一个结点可以有多于一个的双亲。

在现实世界中，实体间的联系更多的是非层次关系，用层次模型表示非树形结构是很不直接的，采用网状模型作为数据的组织方式，通常可以克服这一弊病。

网状数据模型是一种比层次模型更具普遍性的结构，它去掉了层次模型的两个限制，允许多个结点没有双亲结点，也允许结点有多个双亲结点。此外，它还允许两个结点之间有多种联系，因此网状数据模型可以更直接地描述现实世界。

3. 关系模型

关系模型是目前最重要的一种模型。关系数据库系统采用关系模型作为数据的组织方式。20世纪80年代以来，计算机厂商推出的数据库管理系统几乎都支持关系模型。

关系模型与以往的模型不同，它是建立在严格的数据概念的基础上的。在用户看来，一个关系模型的逻辑结构是一张二维表，它由行和列组成。关系模型的特征包括：关系可以用来表示实体，也可以用来描述实体之间的关系；可以表示一对多、多对多等复杂关系；关系必须规范化，每个属性都是一个不可分割的数据项，表中不能有另一个表；关系模型基于严格的数学概念。

4. 面向对象模型

在面向对象的数据模型中基本的概念是类与对象，将实体表示为类，类用于描述对象的属性和实体的行为，它既是概念模型，又是逻辑模型。面向对象模型的特征有：现实世界中的任何实体都是对象；一个对象可以包含它的状态、组成和特征的多个属性；对象还包括几种描述对象行为特征的方法，方法可以更改对象的状态，并对对象执行各种数据库操作；丰富的表达能力，可重用对象，易于维护。

3.2.7　关系数据库

关系数据库是基于关系模型的数据库系统，1970 年 IBM 的研究员 E. F. Codd 发表了论文 A Relation Model of Data for Shared Data Banks，开创了数据库的关系方法和关系数据理论的研究。直到现在，关系数据库仍是最重要的数据库，关系数据技术也为其他类型的数据库技术提供基础支撑。关系模型由关系数据结构、关系操作和数据完整性约束三部分组成(王珊，萨师煊，2014)。

1. 关系数据结构

关系模型的数据结构比较单一。在关系模型中，现实世界的实体及实体间的各种联系均用关系来表示，在用户看来，关系模型中数据的逻辑结构是一张二维表，它由行和列组成。表 3-2 所示为用关系模型形式表示的学生基本信息关系。

表 3-2　　　　　　　　　　　　学生基本信息关系

学号	姓名	性别	年龄	系部
202205001	张三	男	19	计算机系
202205002	李四	女	18	外语系
202205003	王五	男	19	电气系
202205004	赵六	女	19	计算机系

2. 关系操作

关系操作的对象和结果都是集合，采用集合操作方式。常用的关系操作包括：

(1)集合运算：交、并、差和广义笛卡儿积。

(2)关系运算：选择、连接、投影、除。

(3)其他的数据操作：增加、删除、查询、修改。

3. 数据完整性约束

关系模型提供了丰富的完整性控制机制，允许定义四类完整性约束：域完整性、实体完整性、参照完整性和用户定义的完整性。其中域完整性、实体完整性和参照完整性是关系模型必须满足的完整性约束条件，应该由关系系统自动支持。用户定义的完整性是应用领域需要遵循的约束条件，体现了具体领域中的语义约束。数据库是否具有数据完整性特征关系到数据库系统能否真实地反映现实世界的情况，数据完整性是数据库的一个非常重要的内容(陈漫红，2021)。

3.2.8　数据库语言

关系数据库是目前使用最多的数据库，其主要使用结构化查询语言(Structured Query Language，SQL)。SQL 是一种结构化查询语言，其功能并不仅仅限于查询，而是一个通用的、功能极强的关系数据库语言，能够用于存取数据及查询、更新和管理关系数据库系统，是关系数据库系统的标准语言。SQL 语言集数据查询、数据操纵、数据定义和数据控制功能于一身，其主要特点有：

（1）综合统一。SQL 语言的风格统一，数据库建立、模式的定义和更改、数据查询、安全控制以及数据库维护等操作都由 SQL 语言完成。

（2）非过程化。SQL 语言进行数据操作是非过程化的，对用户是透明的。用户只需提出"做什么"，整个操作过程由系统自动完成，这不但大大减轻了用户负担，而且有利于提高数据的独立性。

（3）面向集合的处理方式。SQL 语言采用集合操作方式，操作对象及操作结果都是元组的集合，即关系表。

（4）同一语法提供两种使用方式。SQL 语言既是交互式语言，又是嵌入式语言。

作为交互式语言：用户可以通过数据库管理系统提供的数据库管理工具或第三方提供的软件工具直接输入 SQL 语句对数据库进行操作，并通过界面返回对数据库的操作结果。

作为嵌入式语言：根据应用需要将 SQL 语句嵌入程序设计语言的程序中使用，利用程序设计语言的过程性结构弥补 SQL 语言实现复杂应用的不足。

（5）语言简单易学。SQL 的语法也比较简单，接近自然语言的英语，因此比较容易学习和掌握。SQL 语言数据控制的核心功能只用了 9 个动词，如表 3-3 所示。

表 3-3 **SQL 包含的命令动词**

基本功能	动　　词
数据查询	SELECT
数据定义	CREATE，ALTER，DROP
数据操纵	INSERT，DELETE，UPDATE
数据控制	GRANT，REVOTE

3.2.9 非关系数据库

传统的关系数据库比较适合银行、票务等日常数据交易处理，随着信息技术的迅速发展，特别是在现在的大数据时代，多种数据类型和超大规模的数据处理给传统关系型数据库带来了新的挑战。面对这些挑战，传统的关系数据库的存储和访问性能显现不足，因此人们提出了很多新的数据库技术，以满足复杂多变的用户需求。这些新技术是 NoSQL 数据库，主要包括文档数据库、图形数据库、列存储数据库和键值数据库。

NoSQL（Not Only SQL）泛指非关系数据库，这里 NoSQL 的意思是"不仅仅是 SQL"，它包含支持 SQL 在内的多种语言的数据库。NoSQL 数据库主要用来完成传统关系型数据库不擅长的处理工作，通常可以从以下几个方面来判断是否需要使用 NoSQL 数据库：①数据模型比较简单；②不需要高度的数据一致性；③对数据库性能要求比较高；④需要映射复杂性；⑤需要更灵活的 IT 系统。

通常可以将 NoSQL 数据库分为 4 类，如表 3-4 所示。

表 3-4　　　　　　　　　　　　　　　　**NoSQL 数据库分类**

分类	优　　点	缺　　点	适用的场景
文档数据库	性能好，灵活性好，复杂性低，数据结构灵活	缺乏统一的查询语法	Web 应用
图形数据库	直观地表达关联关系，高效地查询关联数据和插入大量数据	不适合分布式集群	社交网络、推荐系统
列存储数据库	查找速度快，扩展性强，容易进行分布式扩展	功能相对局限	分布式的文件系统
键值数据库	扩展性好，查询速度快	条件查询效率低，无法存储结构化信息	存储用户信息，如会话、配置文件、购物车等

1. 键值数据库

键值数据库是一种非关系型数据库，它使用简单的键值方法来存储数据。键和值都可以是从简单对象到复杂复合对象的任何内容，键值数据库的结构示意图如图 3-11 所示。从图中可以看出，键值数据库的结构实际上是一个映射，即键(key)是查找每条数据的唯一标识符，值(value)是该数据实际存储的内容。键值数据库结构是采用哈希函数来实现键到值的映射。在查询数据时，基于键的哈希值会直接定位到数据所在的位置，实现快速查询，并支持海量数据的高并发查询(黑马程序员，2020)。

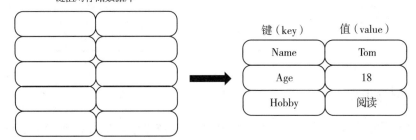

图 3-11　键值数据库的结构示意图

键值数据库是高度可分区的，并且允许以其他类型的数据库无法实现的规模进行水平扩展。2003 年出现的 Memcached 是一个典型的键值存储结构的数据库，支持高并发、高性能的开源分布式内存缓存系统，结构也比较简单。但由于 Memcached 支持的数据类型比较少，也不能持久化数据，导致其只能在有限的场景中应用。

在 2010 年以后，随着移动互联网的兴起，出现了越来越多的移动支付、电商、短视频、直播的应用，这些应用带来了海量的数据处理新要求，需要数据库在处理这些庞大数据的同时还拥有低延时、高并发的能力，这些需求进一步刺激了键值数据库技术的发展。

在此期间流行的键值数据库有 Aerospike 和 Redis，以及同时支持键值存储结构和关系型数据结构的 Apache Ignite 数据库。

2. 文档数据库

文档数据库是最像关系型数据库的 NoSQL 数据库，其处理信息的基本单位是文档。文档数据库中数据采用 BSON、JSON 等格式存储，支持灵活的数据模式，支持多种索引类型，可方便地存储树形结构数据。文档存储数据库的结构示意图如图 3-12 所示。从图中可以看出，文档存储数据库存储的文档可以是不同结构的，包括 JSON、XML 以及 BSON 等格式。

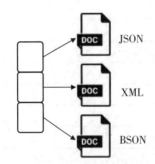

图 3-12　文档存储数据库的结构示意图

文档数据库拥有卓越的读写性能，并具有高可用副本集和可扩展分片集群技术，能够很好地支持大数据的存储与管理，具有高可扩展性和高可伸缩性。文档数据库广泛应用于大数据存储与处理场景，如订单数据存储、日志数据存储等，以及缓存数据存储、运维监控数据存储、基于地理位置的业务推荐应用数据存储等场景。文档型数据库的特点与优势主要体现在以下方面：

（1）灵活的文档模型。文档数据库的存档格式 JSON 和 BSON 简单易学易用，存储最接近真实对象模型，与流行的编程语言 JavaScript 中的对象格式基本一致，对开发者友好，方便快速开发迭代。此外，文档中包含的字段定义方式灵活，易于扩展。

（2）提供文档级的事务管理。

（3）高度可用的复制集，运维方式简单。

（4）具有可扩展分片的集群，支持大数据分布式存储。

（5）专门设置存储引擎等核心组件，支持高性能数据访问。

（6）拥有强大的索引支持，能为文本索引、地理位置索引等不同场景提供服务。

（7）支持超大文档存储需求。

3. 列存储数据库

列存储数据库中的数据是使用行存储的方法，列存储数据库操作和处理数据的基本单位为一个列族。列族一般存储着被一起查询的数据。列族里的行通过"行键"把相关列数据关联起来。列存储数据库为了适应大数据的灵活存储及高性能访问需求，做了很多专门的设计与优化。列存储数据库主要应用于事件记录、博客网站等场景。常见的列存储数据库有 HBase、Cassandra、HyperTable 等数据库。

关系型数据库采用的是行存储的方式，与之相比，列存储的优势在于存储上能节约空间，减少 I/O 操作，列存储还可以依靠列式数据结构做计算上的优化。在一些应用中，有些数据被赋予和定义了多种维度属性，但其往往因为有较多维度属性缺失或者一致从而形成稀疏结构，若使用关系模型存储这类数据将会浪费大量的存储空间。另外，一些需求也在不断变化，这就造成数据模型(表结构)变化很快，传统的行存储(关系数据库)很难高效地处理这种变化。列存储数据库的结构示意图如图 3-13 所示，从图中可以看出，在列存储数据库中，如果列值不存在，则不需要存储(阴影部分为列值不存在)，遇到空值，也不需要存储，可以减少 I/O 操作和避免内存空间的浪费。

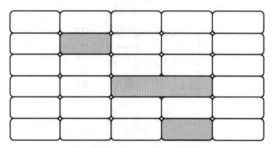

图 3-13　列存储数据库的结构示意图

4. 图形数据库

图形数据库主要应用图形理论来存储实体之间的关系信息，其中实体被视为图形的"结点"，关系被视为图形的"边"，边按照关系将结点进行连接。常见的图形存储数据库有 Neo4j、FlockDB、AllegroGrap 以及 GraphDB 等数据库，图形数据库主要应用于欺诈检测、推荐应用等场景。

在欺诈检测中，图形数据库能够有效地防范复杂的欺诈行为。在现代欺诈及各种类型的金融犯罪中，例如银行欺诈、信用卡欺诈、电子商务欺诈以及保险欺诈等，欺诈者通过改变自己身份等手段逃避风控规则，从而达到欺诈目的。尽管欺诈者可以改变所有涉及网络的关联关系，也可以在所有涉及网络的群体中同步执行相同操作来躲避风控，但借助于图形数据库可以建立跟踪全局用户的跟踪视角，实时利用图形数据库来分析具有欺诈行为的离散数据，从而识别欺诈环节，这样可以最大限度地快速有效地防范和解决欺诈行为。

推荐应用可以利用图形数据库存储购物网站中客户的购买记录、客户兴趣等信息，然后根据客户当前浏览的商品并结合已存储的购物信息来推荐相关的商品。

3.2.10　数据库市场发展现状

目前在数据库行业，关系数据库仍是主要产品，同时非关系数据库发展势头良好。2020 年，全球数据库行业市场规模达到了 675 亿美元，我国数据库市场规模为 35 亿美元，约为 241 亿元人民币，占全球市场规模的 5.2%。预计到 2025 年，全球数据库市场规模将达 1920 亿美元，其中我国数据库市场规模将达 688 亿元人民币，年增长率预计超过 20%。目前全球市场中，关系数据库和非关系数据库分别占据了 80% 和 20% 左右的市场，市场份额排列前三名的仍然是 Oracle、IBM 和微软三家公司。我国的数据库行业也是被这三家企业的产品占据了约一半的市场份额，其中 Oracle 公司的产品占据了 41%的份额。

尽管国产数据库发展相对落后，近年来国内数据库企业快速发展，市场份额占比也在逐步提升。其中比较著名的国产数据库企业有"人大金仓""达梦""南大通用"等，这些企业在交通、能源等行业占据一定的市场份额，并逐渐向其他领域扩展。除此之外，阿里巴巴、华为、腾讯等高科技公司也开始推出自己的数据库产品，并在专门领域占有一定的优势。国产数据库能否占有市场，其关键因素仍然是生态问题，也就是解决好和其他国产软件、硬件的融合问题，以及数据库服务体系和服务布局。从市场和技术两个角度来看，国产数据库企业的崛起有重要意义，实现数据库产品的自主可控不仅能够保障国家信息安全，还能为国内外客户提供数据库产品与服务，达到国际领先地位。

3.2.11 国产数据库产品简介

1. 人大金仓 KingbaseES

金仓数据库管理系统 KingbaseES 是由人大金仓公司推出的国产数据库软件，人大金仓于 1999 年成立，是国产数据管理软件与服务提供商（高英，汤庸，2021）。人大金仓先后承担了"863""核高基"等多个国家重大专项，研发出了大型通用数据库产品。经过 20多年的发展，人大金仓构建了覆盖数据管理全生命周期、全技术栈的产品、服务和解决方案体系，产品广泛应用于 20 多个重点行业，涉及政务、能源、国防、金融、审计、教育、医疗、农业、水利等多个领域，完成装机部署超过 50 万套，遍布全国近 3000 个县市，成长为如今的国产数据库领军企业。

2. 华为 GaussDB

2019 年 5 月，华为技术有限公司（以下简称华为公司）面向全球发布了高斯数据库（GaussDB）。GaussDB 是在 PostgreSQL 数据库基础上进行再开发的产品。华为公司通过"数据+智能"的理念重新定义了数据基础设施，GaussDB 也是华为在人工智能领域布局的重要一环。该数据库命名为高斯数据库，其含义是向大数学家高斯致敬。GaussDB 也是全球首款 AI-Native 数据库，该产品可以在复杂的分布式与异构环境下，利用人工智能技术实现数据库的自动化性能调优，这可以减少数据库对工程师主观经验的依赖，同时还能减少人工的维护成本。

GaussDB 也是华为云生态的重要组成部分，可以与华为云的产品紧密结合。华为GaussDB 数据库配合 FusionInsight 大数据解决方案，已经进入全球超过 60 个国家及地区，服务于 1500 多个客户，拥有 500 多家商业合作伙伴，并广泛应用于金融、运营商、政府、能源等多个行业[1]。

GaussDB 数据库正式在市场上发布之前，已经开始在我国部分企业使用。例如，早在2015 年，GaussDB 已在中国工商银行投入使用，取代了国外的数据库软件。后来，GaussDB 又部署在招商银行，作为"手机银行""掌上生活"应用的存储支撑。GaussDB 已

---

[1] 华为．数据库［EB/OL］．［2022.08.03］．https：//e.huawei.com/cn/solutions/cloud-computing/big-data/gaussdb-distributed-database.

经在金融行业证明，其产品在高并发事务和海量数据的处理中具有很好的性能和稳定性。

3. 武汉达梦 DM

武汉达梦数据库有限公司（以下简称武汉达梦）成立于 2000 年，是国内最早从事数据库管理系统研发的科研机构之一，也是中国电子信息产业集团旗下基础软件企业。武汉达梦的前身是华中科技大学数据库与多媒体研究所，武汉达梦专业从事数据库管理系统的研发、销售与服务，主要为用户提供大数据平台架构咨询、数据技术方案规划、产品部署与实施等服务。目前，武汉达梦拥有其产品达梦数据库 DM 的全部源代码，具有完全自主知识产权。

武汉达梦公司是国家规划布局内重点软件企业，也是获得国家"双软"认证和国家自主原创产品认证的高新技术企业。经过多年在软件行业的耕耘，武汉达梦公司已经建立稳定有效的市场营销渠道和技术服务网络，可为用户提供定制产品和本地化原厂服务。达梦公司的产品已覆盖电力、公安、铁路、航空、审计、通信、金融、海关、国土资源、电子政务、应急救援等军口、民口 30 多个行业，特别是在电力行业，武汉达梦一直占据该行业的首位[①]。

4. 南大通用 GBase

天津南大通用数据技术股份有限公司（以下简称南大通用）成立于 2004 年，主要从事以数据库管理系统为核心的数据管理和数据安全相关的软件研发、销售和技术服务，核心产品包括事务型数据库、分析型数据库、数据安全产品、数据分析产品，同时还为用户提供定制化的应用系统开发和解决方案咨询服务。南大通用致力于打造 GBase 系列的国产化数据库产品，市场占有率一直位于国产数据库产品的前列。

南大通用广泛展开对外合作，在电信、金融和政企领域都已取得规模化市场应用，在中办、参办、公安、安全、税务、财政、政务外网、政务内网等重要部门，以及联通、移动、国网、南网、中石油、中石化等大型企业都已获得成功应用。南大通用与中国农业银行成立联合创新实验室，并在 2019 年 12 月成功中标中国人民银行金融大数据分析及服务相关数据库项目，在金融领域有较好的市场。

5. OceanBase 和 PolarDB

OceanBase 和 PolarDB 都是阿里巴巴集团旗下公司开发的数据库产品。以 IBM 为代表的主机、以 Oracle 为代表的关系数据库，以及以 EMC 为代表的高端存储设备在我国许多机构和企业的 IT 设备占据着核心地位，给我国的信息安全带来了严重的隐患。对此，以阿里巴巴公司为代表的国内企业提出了"去 IOE"的口号，即取代 IBM 大型机、Oracle 数据库和 EMC 存储设备。随着国产 IT 基础软件、硬件的不断发展，"去 IOE"已经成了整个行业的目标。阿里巴巴公司在 2013 年"去 IOE"的任务基本完成，其旗下的阿里云公司和蚂蚁金服公司使用了其自主研发的 OceanBase 和 PolarDB 的数据库产品（高英，汤庸，2021）。

OceanBase 是对传统关系数据库的突破性创新，它在普通硬件上实现金融级高可用，在金融行业首创"三地五中心"城市级故障自动无损容灾新标准，同时具备在线水平扩展

---

① 武汉达梦数据库首页[EB/OL]. [2022.08.03]. https：//www. dameng. com.

能力，创造了 6100 万次/秒处理峰值的纪录。

OceanBase 具有无共享的架构，所有结点完全平等，每个结点都有自己的 SQL 引擎和存储。OceanBase 能够运行在普通 PC 服务器组成的集群上，具有可扩展性、高可用性、高性能、低成本、云原生等核心特性。OceanBase 已经应用于支付宝和淘宝的绝大部分业务，还有阿里体系的外部用户，如银行和保险公司等。

PolarDB 是阿里巴巴集团旗下的阿里云开发的新一代商业关系云数据库。PolarDR 是阿里云为企业市场推出的核心竞争力产品，PolarDB 在设计之初就考虑到了高吞吐量的挑战。PolarDB 能够应用于金融、物联网、电信等高吞吐量场景。目前只有美国的亚马逊和我国的阿里云具备在第三代技术架构上布局关系型云数据库的自主开发和产品化能力，从而拥有在未来建立云计算的竞争力。

PolarDB 很好地解决了用户业务和计算负载的增加带来的问题。这些问题包括：数据容量受限、存储空间扩展缓慢、日志效率低、备份和恢复缓慢、大数据处理性能瓶颈等。

3.3 中间件

3.3.1 中间件的定义

中间件是应用于分布式系统的基础软件，是分布式环境下支撑应用开发、运行和集成的平台，其主要功能是用来解决分布式环境下数据访问和传输、应用调度、系统的构建和集成、流程管理等问题，其位于操作系统、数据库和应用之间。全球范围生产中间件的企业主要是 IBM、Oracle、微软、Salesforce 和亚马逊，其中 IBM 和 Oracle 在我国占有超过 50%的市场份额，具有绝对优势。国产中间件企业主要有普元信息、东方通、宝兰德和中创股份。

3.3.2 中间件的产生

1. 中间件是市场的产物

随着信息技术的发展，软件市场也快速增长，而相应的软件技术保护、行业标准和规范的制定相对滞后，这给软件开发和使用带来大量人力、物力浪费。此外，从软件技术的发展历史来看，操作系统的出现很好地屏蔽了计算机硬件的异构问题，但编写各种软件所用的高级编程语言却依赖于特定的编译器和操作系统所提供的 API，而它们是不兼容的。使用中间件可以解决异构网络环境下分布式应用软件的互连与互操作问题，提供标准接口、协议，屏蔽实现细节，从而提高应用系统易移植性，还能够有效提高应用软件的质量和开发效率(高英，汤庸，2021)。

2. 中间件是软件发展过程的需求

互联网的广泛使用，使得网络之间有大量的信息和数据交互，原来的通信机制很难支撑起软件模块之间的远程通信功能。此外，软件自身的日益庞大和复杂导致软件模块之间的交互信息和数据量增加，这些需求导致了中间件的产生和发展，中间件能够屏蔽交互的复杂度，还能提供异步通信、组通信、并发、安全、事务等复杂功能(张联梅，王和平，

2018)。

随着软件业务需求的不断变化，应用市场不断地扩展，流程也越来越复杂，而如何提高软件开发的质量，提升软件开发的效率，降低软件开发的成本是软件开发面临的困境。凝练软件中的共性，并加以复用，可有效加快软件开发进程，提高质量。凝练和复用的需求产生了中间件，而中间件则可解决操作系统和用户应用之间所有的共性问题，并提供相应的通信互操作能力，又屏蔽了底层的资源和差异性，如通信、安全、事务等，以及某些特定领域的问题，从而大大地简化了应用的开发和维护（张联梅，王和平，2018）。

3.3.3 中间件的分类和作用

中间件最基础的功能是解决分布式系统的数据传输问题，随着软件技术的发展，中间件的功能逐渐扩展到分布式系统的构建和集成、应用调度、业务流程管理等方面。图 3-14 所示是中间件功能示意图。

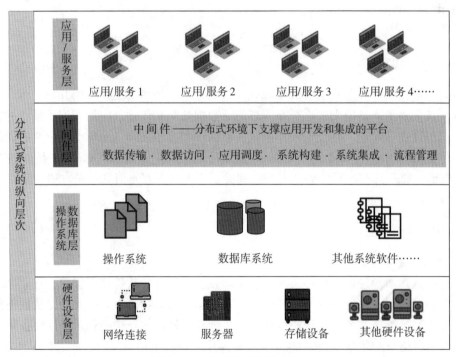

图 3-14 中间件功能示意图

中间件产品开发的核心思想是抽取分布式系统对于数据传输、信息系统构建与集成等问题的共性要求，封装共性问题的解决方法，对外提供简单统一的接口，从而减少开发人员面对上述共性问题时的难度和重复性工作量，提高系统的开发效率。中间件的功能特点及其自身定位决定了中间件的多样性，从类别上看，中间件可以分为集成中间件、应用服务器、交易中间件、消息中间件、工作量中间件、门户中间件和行业领域应用平台，下面简单介绍这些中间件的作用。

（1）集成中间件。集成中间件主要用于异构系统（如不同的数据库系统、业务应用系统等）之间的资源整合，以实现互联互通、数据共享、业务流程协调统一等功能，并构建灵活可扩展的分布式企业应用。

（2）应用服务器。应用服务器主要应用于 Web 系统，位于客户浏览器和数据库之间，其主要作用是把商业逻辑（应用）暴露给客户端，同时为商业逻辑（应用）提供的运行平台和系统服务，并管理对数据库的访问。可以说，应用服务器为 Web 系统下的应用开发者提供了开发工具和运行平台。

（3）交易中间件。其主要作用是高效地传递交易（事务）请求，协调事务的各个分支，保证事务的完整性，调度应用程序的运行，保证整个系统运行的高效性。

（4）消息中间件。其主要作用是建立网络异步通信的通道，实现不同或同一计算机系统之间的应用通信，为网络环境下分布式应用系统的运行提供解耦的作用，通常用来在各个系统或者组件间发送消息数据。

（5）工作量中间件。工作量中间件是一种用于定义、运行和管理工作流程的中间件或平台软件。工作流软件主要用于业务处理的自动化，用于方便地定义业务处理，把多项业务处理串接起来自动地执行，同时能对流程的执行状况进行及时监控，方便调整。

（6）门户中间件。门户中间件帮助实现多应用系统界面集成的平台软件。界面集成要解决如何从新界面方便、安全地登录访问多个系统，新界面的设计，以及与后端多个系统的连接和交互等技术问题。

（7）行业领域应用平台。为了满足特定的行业、企业需求，便于快速、方便地构建应用而在原有基础中间件、集成中间件等的基础上开发的中间件。根据所提供的服务不同，行业领域应用平台包括文件交换管理、数据共享交换、支持云计算和物联网的平台中间件。

3.3.4 中间件的发展状况

IBM 和 Oracle 两个软件巨头借助其在软件领域的技术优势和市场优势，在市场化的竞争和发展过程中，通过兼并和收购等手段进行产业布局，最终成为中间件产业两个最大的公司。IBM 公司在软件行业积累了深厚的行业背景和业务知识，以及拥有的技术优势，在其为客户提供集成的解决方案和产品的同时也进行中间件产品销售。Oracle 公司最强大的产品是数据库管理软件，Oracle 以此为基础销售相关的中间件产品。近年来，随着中间件产品新技术和新规范的出现，中间件产业正面临着一场革新，一些中间件企业利用产品升级机会进行市场拓展，对 IBM 和 Oracle 公司形成有力的竞争。

中间件的产业链：中间件目前的下游客户主要是政府、金融和电信行业，合计占到整个市场的七成左右。在企业信息化的大背景下，以能源、交通、军工为代表的行业客户同样存在旺盛的需求，智能汽车领域的中间件需求也越来越多。

中间件的市场规模：2023 年，全球中间件市场空间 434 亿美元，5 年复合增长率 10.3%。中国中间件市场空间 13.6 亿美元，约 95.2 亿元人民币，政府约占 26%，金融约占 23%，电信约占 17%。

中间件的市场份额：IBM 和 Oracle 是两大中间件巨头，但近年在国内市场的份额逐渐降低。2017 年两者合计 80% 的市场份额，2018 年下降至 60%，国产中间件厂商份额提升显著，宝兰德、普元信息、东方通三家在金融、电信、政府的收入不足 6 亿元，未来还有约 50 亿的替代空间。

3.3.5　国产中间件

中间件与操作系统和数据库系统被称为基础软件体系的三大支柱，中间件的国产自主可控一样具有重要意义。自主研发中间件对于国内软件企业是一次需要把握的发展机会。第一，中间件在软件开发体系中有着重要作用，它是应用软件和操作系统的连接组件，在互联网时代中间件更是不可替代；第二，中间件并不是专有和封闭的大型系统，目前中间件有着较为完备的国际标准及规范，我国软件企业可以按照中间件的标准规范进行研发，能够缩短与欧美国家在技术上的距离，有望实现与世界先进水平持平发展；第三，与操作系统、数据库不同，中间件并不是只关注底层不同，中间件与应用系统建立起了联系并在应用领域不断拓展，单个或少数几个厂商难以完全满足这些需求而形成垄断。相比而言，中间件的技术壁垒明显低于操作系统和数据库，国产中间件有望通过与国产软件结合，抢占市场份额。下面对几个主要的国产中间件厂商及其产品进行介绍。

1. 东方通

北京东方通科技股份有限公司(以下简称为东方通)于 1992 年成立，并在 2014 年上市，成为我国首个在 A 股上市的中间件企业。东方通是国产中间件的开创者，连续十几年保持中间件市场占有率国内厂商第一。1993 年 6 月，第一款商用中间件产品消息中间件 TongLINK/Q 发布，开启了基础软件的创新之路。2001 年上半年，东方通取得国内中间件市场 30% 左右的市场占有率，与国际巨头 BEA、IBM 合计占市场 90% 以上份额，三足鼎立。

东方通在政府、交通、金融、电信、军工等各行业都树立了许多典型应用案例，而且该公司还通过延伸中间件内涵，在网络信息安全、大数据、人工智能、5G 通信等新领域完成了布局，拓展了特定行业的解决方案。东方通中间件产品主要涉及应用支撑和数据集成两类，涵盖各个方面，主要有：

(1)应用服务器 TongWeb。提供从开发到生产的整个应用生命周期和多种主流的应用框架。

(2)消息中间件 TongLINK/Q。用于解决多方应用系统之间数据传输不稳定、应用资源隔离、应用系统可拓展性等一系列问题。

(3)交易中间件 TongEASY。负责正确传递交易，管理交易的完整性，调度系统资源和应用程序均衡负载运行，保证整个系统运行的高可靠性和高效性。

(4)应用交付平台 TongADC。可提供高性能的 4~7 层应用处理能力，系统独有的超级并行操作系统(SPOS)在提供高性能的同时，通过丰富的特性和灵活的脚本定制功能可以确保应用的可用性和可靠性。

(5)ETL 工具。提供数据抽取、转换和加载功能，提供简单易用的开发、管理工具，提供覆盖从数据集成逻辑的设计、开发、调试、部署，到运行、管理、监控各个生命周期不同阶段的集成开发工具。

（6）企业服务总线 TongESB。基于工业标准实现了对服务化技术的全面支持，确保应用系统间互联互通的可靠性和松耦合，为用户提供符合 SOA（面向服务）架构的中间件运行环境和开发管理工具。

（7）互联网文件传输平台 TongWTP。面向互联网业务应用场景的安全、高效、可靠的文件传输平台，提供监控管理、传输控制、安全传输等功能。

（8）通用文件传输平台 TongGTP。通过成熟的消息中间件提供底层队列传输服务，保证文件传输可靠、稳定；提供企业大量数据传输所需要的各种管理、部署和安全功能，方便易用。

2. 宝兰德

北京宝兰德软件股份有限公司（以下简称宝兰德）是一家专注于基础软件研发的软件企业，成立于 2008 年。宝兰德在软件行业耕耘多年，重视技术创新，在中间件上突破了性能、并发和稳定性的技术难关，其产品在电信行业也有较大的优势。近年来，宝兰德产品在金融、政府、能源等其他行业逐渐得到了大规模的应用。宝兰德在中间件领域重点投入，积极推动中间件的国产化，在国内多项核心技术遭遇国外"卡脖子"的背景下，借助其在中间件领域的深厚技术积累，推动自主中间件产品广泛应用于中国移动、中国电信、中国联通等三大电信运营商，逐步替代了原来为这些公司提供服务的外资软件巨头。

宝兰德产品线已经覆盖了基础软件领域的中间件、容器 PaaS 平台、智能运维和大数据等多个方向，包括应用服务器 BES Application Server（AppServer）、交易中间件 BES VBroker、消息中间件 BES MQ、应用性能管理平台 WebGate、智能运维管理平台 CloudLink OPS、容器云 PaaS 平台 CloudLink CMP、数据交换 DataLink DXP、数据集成 DataLink DI 和数据可视化 DataCool 等在内的多款软件产品。下面介绍宝兰德的中间件产品：

（1）应用服务器 BES AppServer。该产品是一款遵循 JavaEE 标准规范的 Web 应用服务器软件，提供高可用的集群架构，实例之间无缝连接、协同工作、保证部署到集群的关键应用具备良好的性能和稳定性。BES AppServer 已经在中国移动通信集团、北京公积金管理中心得到了很好的应用。

（2）交易中间件 BES Vbroker。该产品是一款用于开发、分发和管理分布式应用的交易中间件平台，依赖于经过验证的开放业界标准和高性能架构，适用于低反应时间、复杂数据类型、大量交易处理的关键任务环境。

（3）消息中间件 BES MQ。该产品可以进行快速高效、可靠的信息传递，从而实现异步调用及系统解耦。为企业级应用和服务提供坚实的底层架构支撑。

3. 金蝶天燕

金蝶天燕云计算股份有限公司（以下简称金蝶天燕）成立于 2000 年，前身为金蝶中间件有限公司，是金蝶集团旗下新一代软件基础云平台服务商，也是云计算国家标准制定企业、信息技术应用创新核心软件企业。金蝶天燕的中间件产品有应用服务器 AAS、负载均衡器 ALB、分布式消息中间件 ADMQ、内存数据缓存 AMDC、消息中间件 AMQ、企业服务总线 AESB、实时安全防护 ARSP 等。

（1）AAS 应用服务器。金蝶 Apusic 应用服务器（Apusic Application Server，AAS）是一

款功能完整全面的应用中间件软件，为企业级应用系统的便捷开发、灵活部署、可靠运行、高效管理及快速集成提供关键支撑能力。AAS 已在党政、金融、电信、能源、电力、军工等关键行业/领域得到广泛应用，产品装机总量稳居前茅，并赢得良好的用户口碑。AAS 产品架构在微内核框架之上，在确保产品内核稳定高效的基础上，具备良好的可扩展性，以及向前、向后的兼容性。此外，AAS 包含丰富的基础服务，提供高性能的 Web 容器、EJB 容器以及 Web Services 容器等，具有良好的安全性和可管理性。

（2）负载均衡器 ALB。金蝶 Apusic 负载均衡器能够应对大规模集群/云平台对客户端访问请求的调度和流量管理的需求，支持对大规模动态访问请求的验证、鉴权、处理、转换和分发等操作，从而有效隔离客户端请求访问与提供服务的应用系统、平台以及资源，达到动态负载均衡的目的。

（3）分布式消息中间件 ADMQ。金蝶 Apusic 分布式消息中间件 ADMQ 是一款金融级分布式消息中间件，具有多租户、跨集群数据复制、强一致性、高可靠、高并发等特性。ADMQ 支持原生 Java、C++、Python、GO 多种 API，支持以 Kafka、RocketMQ、RabbitMQ 客户端和 MQTT、JMS 等协议接入，从而简化不同业务系统的接入难度。

（4）内存数据缓存 AMDC。金蝶 Apusic 内存数据缓存 AMDC 是金蝶天燕完全自主研发的高性能分布式缓存数据库，主要用于在内存中存储数据，起到消息代理、内存数据库等作用。产品支持发布/订阅，支持数据持久化，支持自动发现、故障探测、自动故障切换、数据迁移等，适用于高频、低时延的数据存取等业务场景。

（5）消息中间件 AMQ。Apusic 消息中间件 AMQ 是一款用于分布式环境下提供安全、可靠消息传输的中间件，它不仅支持 Java 消息服务（JMS1.1）开放标准，而且具备智能路由、消息压缩、断点续传、权限控制等丰富的企业级应用支撑能力。Apusic 消息中间件支持消息队列（Queue）和消息主题订阅（Topic）等不同的消息消费模式。

（6）Apusic 企业服务总线。Apusic 企业服务总线支持通过数据转换与协议转换实现多个系统的集成。Apusic 企业服务总线支持拖拽式和向导式操作，通过服务适配和编排消除不同应用之间的技术差异，实现跨操作系统、跨编程语言等的应用集成与服务重构，保持企业 IT 建设的可持续性。

（7）实时安全防护 ARSP。金蝶天燕与开源网安联合推出的安全中间件 ARSP 是一款云应用安全防护软件。与传统应用防火墙（WAF）不同，安全中间件所提供的安全防护功能嵌入软件的运行环境中，使应用程序具备自我保护的能力，不仅提供对外部恶意访问的检测和防御，而且从应用程序运行实例的内部和互操作的过程杜绝漏洞的产生。

4. 普元信息

普元信息技术股份有限公司（以下简称普元信息）致力于基础软件创新和持续发展，提供国产化的基础软件架构支撑，帮助用户建立智能化的数据治理体系，打造面向业务场景的数字化应用，实现数字化转型。普元信息的产品目前广泛应用于金融、政务、军工、能源、运营商、先进制造业等多个行业。

公司软件基础平台产品和技术服务涵盖云应用平台软件、大数据中台软件和基础中间件软件三大技术领域，形成了以标准软件为载体，以平台定制实施服务、应用开发服务为特色的"软件产品+技术服务"的业务体系。其中中间件产品有应用服务器、企业服务总线中间件、文件传输中间件、消息中间件、负载均衡中间件、数据缓存中间件、数据集成中间件、工作流中间件、开发运维一体化平台等。

（1）Primeton AppServer。该产品是一款标准、安全、自主、高可用的面向未来架构的企业级应用服务器。其支持 Jakarta EE Platform 8 国际标准规范，支持 Web 容器的所有特性，支持 EJB2/EJB3/JMS，支持线程池/连接池管理，提供微内核服务器支持事务管理，并内置微型数据库支持服务器定制和服务集成。

（2）应用开发平台 Primeton EOS。该产品被超过三分之一的中国 500 强企业采用，全面支持弹性架构，安全可控。Primeton EOS 采用了统一的 SOA 体系架构和标准规范，实现了业务层面的构件化模型，技术层面的标准化架构和管理层面的规范化框架，从根本上统一解决了业务、技术与管理的应用架构，帮助客户把应用架构提升到符合 SOA 的体系之上。

Primeton EOS 提供了一套完备的从顶层业务模块的构件包设计，到业务服务的定义和业务数据的设计，再到业务服务和业务数据的开发实现，统一实现了设计即开发（Designis Development）的理念。在此基础上实现了业务服务的灵活装配、业务服务集成功能和业务流程的可定制，并统一实现了开发即集成（Development is Integration）的理念。同时，在客户端开发出能够更加丰富用户体验和高效操作的客户端应用，来使用和消费这些业务服务。

Primeton EOS 提供了一体化、可视化的应用平台，从集成开发环境（IDE）的 EOS Studio，到企业级的运营服务器 EOS Server，再到企业应用和服务的治理工具 EOS Governor，以及相应配套的产品模块。

Primeton EOS 提供精细化的授权功能。可对某角色授予表单上某个控件或操作按钮的只读或不可见权限，对某个角色授予视图的查询条件或在查询结果列设置是否可见权限。基于这种精细化授权开发应用可减少 UI 开发工作量，提高业务配置的灵活度。

Primeton EOS 服务调用能力通过图形化拖拉拽的方式方便地实现 Web Service 的引入和调用，无须任何编码就可以实现服务调用、异常处理、集成调试等服务编制与集成相关工作，提供与其他系统的互联能力。从外部导入 Web Service 服务描述文件，从 Studio 资源管理树中拖动 WSDL（Web Service 描述语言）下的服务操作到流程编辑器中，形成 Web Service 调用图元，实现零编码的快速服务编制。

（3）业务流程平台 Primeton BPS。Primeton BPS 是众多中国大型企业使用的满足中国特色的业务流程模式，支持流程业务化配置与调整，具有令人信赖的业务流程平台，以及高性能、高并发。

Primeton BPS 在 Studio 中为流程设计和开发人员提供技术视图，在 Web 上为业务流程配置人员提供业务配置视图，一类用户实现流程的建模或设计或调整后，另一类用户仍可以对流程进行变更，而无须从一个工具通过模型的转化而导入另外一个工具。

Primeton BPS 提供专门的事件调度单元控制流程调度，可以实现各类灵活流程流转模型。BPS 不仅支持顺序、分支、并发、循环、嵌套子流程、多路选择、多路归并等各种基本流程模式，还支持条件路由、自由流、回退、激活策略、完成策略、并行会签、串行会签、指派、多实例子流程等多种特殊流程模式。

参考文献与资料

[1]苏颖，梁丽莎，张远．操作系统原理[M]．成都：电子科技大学出版社，2020：10-11.

[2]韩彦岭，李净．计算机操作系统[M]．上海：上海科学技术出版社，2018.

[3]许曰滨，孙英华，程亮．计算机操作系统[[M]．北京：北京邮电出版社，2005.

[4]姬秀娟，李晓娜，贺仁宇．苹果计算机操作系统[M]．天津：南开大学出版社，2006.

[5]赵文庆．UNIX 和计算机软件技术基础[M]．上海：复旦大学出版社，2011.

[6]王珊，萨师煊．数据库系统概论[M]．5 版．北京：高等教育出版社，2014.

[7]陈漫红．数据库原理与应用教程：SQL Server 2012[M]．北京：北京理工大学出版
社，2021.

[8]黑马程序员．NoSQL 数据库技术与应用[M]．北京：清华大学出版社，2020.

[9]袁燕妮．NoSQL 数据库技术[M]．北京：北京邮电大学出版社，2020.

[10]高英，汤庸．计算生态导论[M]．北京：清华大学出版社，2021.

[11]金仓数据管理系统．首页[EB/OL]．[2022.07.30]．https：//www.kingbase.com.cn/.

[12]中国信息通信研究院云计算与大数据研究所．数据库发展研究报告(2021)．2021.

[13]OceanBase 数据库．首页[EB/OL]．[2022.08.03]．https：//www.oceanbase.com.

[14]南大通用 GBASE 梦数据库．首页[EB/OL]．[2022.08.03]．http：//www.gbase.cn/.

[15]张联梅，王和平．软件中间件技术现状及发展[J]．信息通信，2018(05)：183-184.

[16]东方通．首页[EB/OL]．[2022.08.03]．http：//www.tongtech.com.

[17]北京宝兰德软件股份有限公司．首页[EB/OL]．[2022.08.03]．https：//www.
bessystem.com/.

[18]金蝶天燕公司官方网站首页．https：//www.apusic.com/.

[19]普元信息公司官方网站首页．http：//www.primeton.com/.

第4章　基于国产自主可控的应用软件

☞ **学习目标**：应用软件的定义和重要性，了解国产应用软件的发展现状和代表性产品。
☞ **学习重点**：工业软件的重要性，我国研究设计类工业软件的发展现状。

4.1　应用软件的定义

应用软件是指能为用户提供某些特定应用的软件，在日常的工作和生活中，我们经常使用的软件就是应用软件，包括文字处理软件(如 Word 或 WPS)、音乐播放器(如网易云音乐)、杀毒软件(如火绒)、即时通信软件(如 QQ)、浏览器(如 Chrome)、图像处理软件(如 Photoshop)、视频剪辑软件(如 Premiere)等。计算机只有安装了这些软件，它的功能才会更加丰富。另外，还有一些应用软件可以提高计算机的性能，如磁盘管理软件、系统优化软件、CPU 超频软件等。

与应用软件对应的是系统软件，系统软件主要指的是操作系统。系统软件的主要功能是协调、管理和控制计算机硬件资源和软件资源，从某种程度上也可以说是为应用软件服务的，应用软件是直接为用户服务的。

4.2　应用软件的发展史

计算机软件的发展和硬件的发展是紧密相关的，计算机硬件是软件的支撑，同样，软件的发展和应用需求也推动着硬件的发展。计算机软件技术发展历程大致可分为三个阶段，下面对这三个阶段进行简要介绍。

4.2.1　软件技术发展的早期阶段

第一个阶段是软件技术发展早期(20 世纪 50 年代到 60 年代)。这个阶段计算机的用途主要是科学计算和工程计算，处理对象是数值数据。这个阶段出现两项重要的发明，使得程序设计的效率大大提高，一项是出现了具有高级数据结构和控制结构的程序语言，另一项是编译技术，即将高级语言自动转换为机器语言。随着计算机应用领域的扩大，除了科学计算，还出现了大量的数据处理和非数值计算问题。为了充分利用系统资源，满足处理大量数据的需要，操作系统、数据库管理系统等基础软件应运而生，软件的规模与复杂性也迅速增大。当程序复杂性增大到一定程度以后，软件研制周期难以控制，正确性难以保证，可靠性问题相当突出。为此，人们提出用结构化程序设计和软件工程方法来克服这一危机，从此软件技术的发展进入下一个阶段(冯玉琳，钟华，2004)。

4.2.2　结构化程序和面向对象技术发展阶段

第二个阶段是结构化程序和对象技术发展时期(20 世纪 70 和 80 年代)。从 20 世纪 70 年代初开始，大型软件系统的出现给软件开发带来了软件产品可靠性差、错误多、维护和修改困难等一系列问题。这个阶段产生了 Pascal 等结构化程序设计语言，这些语言具有较为清晰的控制结构，与原来常见的高级程序语言相比有一定的改进，但在数据类型抽象方面仍显不足。由此，面向对象编程语言开始出现，面向对象技术的兴起是这一时期软件技术发展的主要标志(高英，汤庸，2021)。

面向对象的程序结构将数据及其上作用的操作一起封装，组成抽象数据或者叫作对象。具有相同结构属性和操作的一组对象构成类。类与对象能够以更加自然的方式模拟外部世界现实系统的结构和行为，对象的两大基本特征是信息封装和继承。

传统的面向过程的软件系统以过程为中心，过程是一种系统功能的实现，而面向对象的软件系统是以数据为中心。与系统功能相比，数据结构是软件系统中相对稳定的部分。对象类及其属性和服务的定义在时间上保持相对稳定，还能提供一定的扩充能力，这样就可大大节省软件生命周期内系统开发和维护的开销。

20 世纪 80 年代中期以后，软件的蓬勃发展来源于当时两大技术进步的推动力：一个是微机工作站的普及应用；另一个是高速网络的出现。其导致的直接结果是一个大规模的应用软件，可以由分布在网络上不同站点机的软件协同工作来完成。由于软件本身的特殊性和多样性，在大规模软件开发时，软件工程面临许多新问题和新挑战，而进入一个新的发展时期。

4.2.3　软件技术发展新阶段

第三个阶段是从 20 世纪 90 年代到现在。在 20 世纪七八十年代，软件工程技术蓬勃发展，并取得了非常重要的进步。软件工程作为一个学科方向，越来越受到人们的重视。但是，大规模网络应用软件的出现带来了新问题，即软件工程中如何协调合理预算、控制开发进度和保证软件质量。进入 20 世纪 90 年代，互联网技术的快速发展使软件工程技术进入新的发展阶段。这个阶段以软件组件复用为代表，基于组件的软件工程技术正在使软件开发方式发生很大的变化。在这个时期软件工程技术发展代表性标志有三个方面：①基于组件的软件工程和开发方法成为主流；②软件过程管理进入软件工程的核心进程和操作规范；③网络应用软件规模越来越大，复杂程度越来越高，软件体系结构中应用基础架构和业务逻辑相分离。这些标志象征着软件工程技术已经发展上升到一个新阶段，然而，软件技术发展日新月异，移动互联网、新一代人工智能技术的出现，使软件技术发展远未结束(冯玉琳，钟华，2004)。

4.3　应用软件的分类

从不同的角度来看，应用软件可以有不同的分类方法。无论怎样划分，许多软件类别之间界限是比较模糊的，有些软件可以同时划分到不同软件类别之中。目前比较认同的分类是将软件分为：业务软件、内容访问软件、工业软件、仿真软件、产品工程软件、多媒体开发软件、游戏软件和教育软件等。不做特殊说明的情况下，这里的软件包括计算机软件及移动端的应用(Application，App)。这里对常见的几个类别进行介绍。

4.3.1 业务软件

业务软件主要是指能够提高业务生产效率或者可以用于度量业务生产效率的应用软件。业务软件可以细分为企业基础设施软件、企业软件、信息工作者软件等类别。

1. 企业基础设施软件

这类软件主要是指能够支持企业软件运行的并且有一定通用性的应用软件，如数字资产管理、业务流程软件、地理信息系统、内容管理系统等。

2. 企业软件

企业软件主要是为了解决分布式环境中企业级管理流程和企业级数据流程中产生的需求问题而诞生的应用软件。企业软件又可以分为：企业资源计划软件(Enterprise Resource Planning，ERP)、财务管理软件、供应链管理软件、客户关系管理软件等。

3. 信息工作者软件

信息工作者软件主要指的是既能满足企业内部个人应用需求，又能用于信息管理的软件，如时间管理软件、数据管理软件、文档处理软件、资源管理软件、系统工作软件、金融软件和数据分析软件等。

4.3.2 内容访问软件

内容访问软件主要是指能够对已有内容进行访问的计算机软件，通常是只访问内容，且没有内容编辑功能或仅含有很少编辑功能的软件，如网页浏览器、媒体播放器、屏幕保护程序等。

4.3.3 教育软件

教育软件是指能够提供学习资源，或者帮助人们学习，方便教学的软件。早期的一些教育软件主要是能够提供学习资源的软件，如洪恩教育公司推出的针对儿童英语学习的"洪恩英语"软件。现在的教育软件更多的是移动端的应用，如"百词斩""作业帮""小猿搜题""英语流利说"等。"学习通"等这一类教学资源管理软件或应用也可以归为教育软件。

4.3.4 工业软件

广义的工业软件，泛指工业领域应用的所有软件，我国工业和信息化部给予工业软件的定义是：专用于或主要用于工业领域，为提高工业企业研发、制造、生产管理水平和工业装备性能的软件。

工业软件是工业知识软件化的结果，指将数学、物理、化学、电子、机械等多学科知识进行融合并软件化，使工业软件成为智能工具，起到定义工业产品、控制生产设备、完善业务流程、提高运行效率等作用，其核心价值在于帮助工业企业提质、降本、增效，提高企业在高端制造中的竞争力。工业软件源于工业需求，用于工业场景，根植于工业又脱胎于工业。其本质是将特定工业场景下的经验知识，以数字化模型或专业化软件工具的形式积累沉淀下来。工业软件广泛应用于工业领域各个要素和环节之中，与业务流程、工业产品、工业装备密切结合，具有分析、计划、配置、分工等功能，能够从机器、车间、工厂层面提升企业生产效率、促进资源配置优化、提升生产线协同水平，全面支撑企业研发设计、生产制造、经营管理等各项活动。

在现代化工业中，工业软件被称为工业制造的"灵魂"载体，也是国家制造业竞争力的关键。常见的计算机辅助设计（Computer Aided Design，CAD）和计算机辅助仿真（Computer Aided Engineering，CAE）等软件就属于工业软件。鉴于工业软件的重要性，本章将重点介绍工业软件。

4.3.5　多媒体开发软件

多媒体开发软件是指用于图像、图形、视频和音频开发和编辑软件。多媒体软件还可以分为音频编辑软件、音乐生成器、视频编辑软件、Web 开发软件、计算机动画软件、图像编辑软件、图形艺术软件等。例如，Photoshop 就是一款常用的图像编辑软件。

4.4　国产应用软件发展

4.4.1　国产应用软件的发展情况

早在 20 世纪 50 年代后期，我国就已经开始软件的研究与开发，但是仅限于小范围的探索和尝试。1978 年，第十一届三中全会以后，改革开放给我国经济发展带来了巨大活力，软件产业也迎来了快速发展的契机。

1980 年，以中国科学院物理研究所研究员陈春先为首的一批科技人员，在硅谷模式的影响下成立了"北京等离子体学会先进技术发展服务部"，这是中国历史上第一个民办科研机构。随后，很多程序员开始加入软件开发的浪潮，1983 年我国软件行业有两件划时代意义的大事：第一个是严援朝在个人电脑长城机上开发了 CCDOS 软件，从而解决了汉字在计算机内存储和显示的问题；第二个是王永民经过 5 年的研究，发明了"五笔字型"输入法，为后来计算机上的中文输入奠定了基础，甚至当时有专家称"其意义不亚于活字印刷术"。

1984 年的 9 月 6 日，中国软件行业协会正式成立，表明软件已经从硬件中分离，成为一个新兴产业。在制定国家科技和行业发展规划时，软件开始被单独作为一个学科和行业。在这个时期，我国涌现出一批优秀的软件技术人才。其中，有日后称为"中国第一程序员"的求伯君，求伯君后来也是我国著名软件公司——金山公司的创始人之一；我国"杀毒软件之父"王江民于 1989 年推出杀毒软件 KV6；周志农在 1988 年设计完成"自然码汉字输入系统"；朱崇君在 1988 年首创中文字表编辑概念，推出 CCED2.0 版，我国软件产业进入发展的黄金时代。

这个时期，国家及各级地方政府也给予软件行业非常大的支持。1986 年 8 月，电子工业部向国务院报送了第一个关于软件产业发展规划的指导性文件《关于建立和发展我国软件产业的报告》，1989 年又进一步提出了创建和发展我国软件产业的四项措施：要有我们自己的产品，要有我们自己的企业，要有我们自己的产业基地，要有我们自己的发展环境。1996 年，抱着"局部优化，地方政策突破"的初衷，原国家科委开始组建国家火炬计划软件产业基地，沈阳东大软件园、济南齐鲁软件园、成都西部软件园、长沙创智软件园是最早认定的四大软件基地，截至 2021 年全国软件产业基地已达 44 家。2000 年后，国家相继出台了《国务院关于印发鼓励软件产业和集成电路产业发展若干政策的通知》（国发〔2000〕18 号）和《振兴软件产业行动纲要（2002 年至 2005 年）》（国办发〔2002〕47 号），与国家高技术研究发展计划（"863"计划）一道，合力推动国产软件的发展。

之后我国在投资、融资、税收、人才培养、知识产权保护、行业管理等方面投入资源，并取得了显著成就，软件产业规模从 2000 年的 593 亿元到 2004 年的 2300 亿元，再到 2013 年达到 3.06 万亿元，增速迅猛。2016 年软件行业依然保持快速增长态势，中国软件行业共实现业务收入 4.9 万亿，同比增长 14.9%。2017 年软件行业营收达到 5.5 万亿元，再创新高；2021 年软件业务收入仍保持较快增长，全国软件和信息技术服务业规模以上企业超 4 万家，累计完成软件业务收入接近 9.5 万亿元，同比增长 17.7%，两年复合增长率为 15.5%。图 4-1 是我国 2014—2021 年软件业务收入增长情况图。

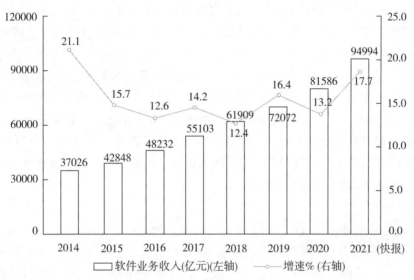

图 4-1　2014—2021 年软件业务收入增长情况（图片来源："工信微报"公众号）

2017 年，在工信部发布的《软件和信息技术服务业发展规划（2016—2020 年）》中，明确将软件誉为"新一代信息技术产业的灵魂"，将"软件定义"称作"信息革命的新标志和新特征"。借着这股东风，无论在电信业、金融业还是制造业，国产软件迎来巨大发展机会。

4.4.2　国产代表性应用软件的发展史

20 世纪 90 年代，正是我国个人电脑普及的时期，国产软件在一批先行者的带领下一步步成长壮大。下面对曾经流行的办公软件、杀毒软件、即时通讯软件进行简单介绍。

1. 办公软件

WPS 是金山公司的主要产品，也是国产办公软件的代表。1989 年，被称为"中国第一程序员"的求伯君经过 1 年多的时间开发了我国第一款中文字处理软件 WPS，在那个大家都还用 DOS 操作系统时代，WPS 已经风靡全国，我国几乎所有的中文办公软件使用的都是 WPS。1996 年美国微软公司与金山公司签署协议，微软的 Office 办公软件和金山的 WPS 软件的格式共享。当时正是操作系统从命令行操作系统过渡到图形化操作系统的阶段，微软公司借助其产品在 Windows 系列操作系统上的优势，在我国推广 Office 办公软件。当时市场上到处都是盗版的 Office 软件，金山的 WPS 用户大量转向 Office 用户，WPS 逐渐成为边缘化的办公软件。之后，金山公司通过不断努力开发了与微软 Office 软件深度兼容的 WPS Office 办公软件，并在 2005 年承诺 WPS Office 个人版永久免费，从而在办公软件中占有一定的用户市场。尽管微软 Office 仍然占据我国大部分办公软件市场，但是 WPS 办公软件一直是冲破国外办公软件垄断我国市场的利器，也正是由于它的存在，我国的办公软件从来未被西方"卡脖子"，它的存在具有重要意义。

2. 杀毒软件

1990 年深圳华星推出了世界上最早的防毒卡，这款硬件杀毒卡成为我国计算机的主要杀毒工具。1991 年，北京瑞星公司也推出瑞星杀毒卡，由于 1992 年 3 月"米开朗基罗"和"黑色星期五"病毒的暴发迅速占领了市场，并逐渐发展成为行业第一。1996 年被誉为"中国杀毒软件之父"的王江民开发了 KV 系列杀毒软件，并在中关村创办了北京江民科技公司，江民公司一度占据我国杀毒软件市场 80% 的份额。2000 年，金山公司也推出了杀毒软件——金山毒霸，我国杀毒软件市场上出现了瑞星、江民、金山三足鼎立阶段。2008 年，360 安全公司推出了针对个人用户永久免费的 360 杀毒软件，这个免费策略使得竞争对手只能也采用类似的免费策略，从此我国市场上的杀毒软件大部分都采用对个人免费，对企业收费的经营策略。纵观我国杀毒软件的发展，在网络安全日趋重要的今天，我国在杀毒软件领域从来不缺优秀的产品。

3. 即时通讯软件

随着互联网的发展，以色列公司 Mirabilis 于 1996 年推出了即时通讯（Instant Messaging，IM）软件 ICQ，其含义为"I Seek You（我在找你）"，它是世界上第一款即时通讯软件，并在几个月之内成为世界上用户最多 IM 软件。1998 年，腾讯公司的创始人马化腾开发了国产 IM 软件 OICQ，含义为 Open ICQ（开放的 ICQ），后改名为 QQ。这个阶段正是我国个人电脑普及的时期，QQ 很快成为我国用户最多的 IM 软件。QQ 除了有文本、语音等通信功能外，还有了强大的办公功能，现在已经成为个人电脑的必备软件。从 2011 年开始，我国的移动互联网开始飞速发展，在这一年，我国著名程序员张小龙在腾讯公司带队开发出了微信。微信很快成为我国用户最多的移动端 IM 软件，活跃用户超过 10 亿，微信除了社交和支付的基本功能之外，还具备了许多生活中的应用场景，成为手机端的必备软件。

4.5　工业软件

4.5.1　工业软件概述

工业软件本身是工业技术软件化的产物，是工业化的顶级产品。它既是研制复杂产品的关键工具和生产要素，也是工业机械装备（"工业之母"）中的"软零件"和"软装备"，是工业品的基本构成要素。当前，工业软件已经成为企业的研发利器和机器与产品的大脑，软件能力正在成为企业的核心竞争力之一。工业软件作为工业和软件产业的重要组成部分，是推动我国智能制造高质量发展的核心要素和重要支撑。工业软件的创新、研发、应用和普及已成为衡量一个国家制造业综合实力的重要标志之一。发展工业软件是工业智能化的前提，是工业实现要素驱动向创新驱动转变的动力，是推动我国由工业大国向工业强国转变的助推器，是提升工业国际竞争力的重要抓手，是确保工业产业链安全与韧性的根本所在。

工业软件的缘起、发展模式、市场服务与其他软件有很大不同，例如消费级软件通常是软件厂商主动挖掘用户需求并引导用户使用，而工业软件源自工业企业用于降低成本、提升质量、增加效益的真实需求，本质上是将长期工业生产制造中获得的经验和工艺积累下来，并借助信息技术手段，将这些知识软件化，构建一个能够不断学习的信息"大脑"。可见，工业软件在需求、数据、应用等方面非常依赖工业。同时，大型 CAD 软件的研发周期比较长，通常需要 3~5 年，而软件要使用一段时间后才有可能被市场认可，这就需要更长的时间（林雪萍，2021）。

4.5.2　工业软件的重要性

1. 工业软件赋能工业发展

工业软件对工业的发展具有极其重要的技术赋能、杠杆放大与行业带动作用。如产品设计阶段的成本仅仅占整个产品开发投入成本的 5%，但是产品设计决定了 75% 的产品成本。以研发类工业软件（例如 CAX）来说，可以帮助企业在产品设计阶段从源头控制产品成本，该类比可以引申为研发类工业软件对最终产品成本有着 15 倍的杠杆效应（林雪萍，2021）。

2. 工业软件赋智工业产品

工业软件对于工业品价值提升有着重要影响，不仅仅是因为产品研发、生产等软件可以有效地提高工业品的质量和降低成本，更因为软件已经作为"软零件""软装备"嵌入了众多的工业品之中。软件是工业技术/知识的容器，而知识来源于人脑，是人的智力思考过程与内容的结晶。因此，软件作为一个"大脑"而为其所嵌入的人造系统赋智——从机器、产线、汽车、船舶、飞机等大型工业产品，到手机、血压计、测温枪、智能水杯等小型工业品，其中都内置了大量的软件。

当前，一辆普通轿车的电子控制单元数量多达 70~80 个，代码约几千万行，软件的价值在高端轿车中占整车价值的 50% 以上，代码超过 1 亿行，其复杂度已超过 Linux 系统内核。如特斯拉新能源电动车中软件价值占整车价值的 60%，目前轿车中软件代码增速远远高于其他人造系统，未来几年车载软件代码行数有可能突破 10 亿行。

目前的工业品发展规律是，在常规物理产品中嵌入了工业软件之后，不仅可以有效地提升该产品的智能程度，也有效提高其产品附加值。而且，往往是代码数量越多，该产品的智能程度和附加值就越高。

3. 工业软件创新工业产品

发展工业软件是复杂产品研发创新的必需。今天产品结构的复杂程度、技术复杂程度以及产品更新换代的迭代速度，如果离开各类工业软件的辅助支撑，仅仅依靠人力已经是不可能实现的研发任务。诸如飞机、高铁、卫星、火箭、汽车、手机、核电站等复杂工业品，研发方式已经从"图纸+样件"的传统方式转型为完全基于研发设计类工业软件的全数字化"定义产品"的阶段。

4. 工业软件促进企业转型

发展工业软件是推进企业转型的重要手段。工业软件具有鲜明的行业特色，广泛应用于机械制造、电子制造、工业设计与控制等众多细分行业中，支撑着工业技术和硬件、软件、网络、计算机等多种技术的融合，是加速两化融合推进企业转型升级的手段。在研发设计环节中不断推动着企业向研发主体多元化、研发流程并行化、研发手段数字化、工业技术软件化的转变；在生产制造过程中，生产制造软件的深度应用，使生产呈现敏捷化、柔性化、绿色化、智能化的特点，加强了企业信息化的集成度，提高了产品质量和生产制造的快速响应能力；在企业经营管理上推动管理思想软件化、企业决策科学化、部门工作协同化，提高了企业经营管理能力。

5. 工业软件推动信创产业发展

工业软件凝聚了最先进的工业研发、设计、管理的理念、知识、方法和工具。国外厂商为维护国际竞争地位，主要对外出售固化了上一代甚至上几代技术和数据的工业软件，甚至采取禁售或者"禁运"关键软件模块等手段进行技术保护。例如，MATLAB 软件作为全球工业自动化控制系统设计仿真、信号通信和图像处理的标准软件，目前已经形成国际性科学与工程通用开发软件。2020 年 6 月，美国通过"实体清单"禁止我国部分企业和高校使用 MATLAB 软件，严重影响了我国某些企业的技术开发和某些高校的人才培养。

工业软件应用于工业生产经营过程，计算、记录并存储工业活动所产生的数据，工业软件的可控程度直接影响工业数据安全。随着云计算等新一代信息技术的发展，一些国外软件巨头提供订阅式工业软件，用户在应用平台产生的数据存储在云端服务器上，随时可掌握用户关键工程领域核心数据、知识产权信息、产品生产制造等商业信息。随着国际形势变化，我国企业在使用国外软件时将会面临较大的数据泄露风险，存在极大的数据安全隐患。因此，发展自主工业软件是实现信创的重要举措。

4.5.3　工业软件的分类

就工业软件本身而言，由于工业门类复杂，脱胎于工业的工业软件种类繁多，分类维度和方式一直呈现多样化趋势，目前国内外均没有公认、适用的统一分类方式。本书根据工业软件的表现形式和用途将其分为 4 个类别：生产控制类、经营管理类、运维服务类和研发设计类，每个类别中都有代表性的企业和产品，本书主要按照这样的分类方法进行介绍。各类软件介绍如表 4-1 所示。

表 4-1　　　　　　　　　　　　　　　　　工业软件的分类

类别	用途	代表产品	代表企业
经营管理类	提升企业管理水平和资源利用率	ERP（企业资源计划）、CRM（客户关系管理）、HRM（人力资源管理）、SCM（供应链管理）	国外：SAP、Oracle 国内：用友、金蝶
研发设计类	帮助和提升企业在产品研发工作领域的能力和效率	CAD（计算机辅助设计）、CAE（计算机辅助分析）、CAM（计算机辅助制造）	国外：Autodesk、达索系统； 国内：中望软件
运维服务类	对企业的生产和工作设施、产品进行状态检测、保养与维修，保证其正常运行	APM（资产性能管理）、MRO（维护维修运行管理）、PHM（故障预测与健康管理）	国外：Complex MRO、SAP MRO、Teamcenter MRO； 国内：iEAM、SmartEAM 设备管理系统
生产控制类	改善生产设备的工作效率和利用率，提升制造过程的管控水平	MES（制造执行系统）、APS（高级计划排产系统）、DCS（分散控制系统）、SCADA（数据采集与监视控制系统）	国外：西门子、通用电气； 国内：中控技术、鼎捷软件

1. 经营管理类的工业软件

经营管理类软件主要是提高企业管理水平和资源的利用效率，该类软件代表产品有 ERP、CRM 等，代表性的企业有国外 SAP、Oracle 等，国内的用友、金蝶等。国内 ERP 厂商的产品主要占据中小企业市场，大中型企业的高端 ERP 软件仍以 SAP、Oracle 等国外厂商为主，占国内高端市场份额的 60%。国内 ERP 厂商起步较晚，我国高端 ERP 软件的技术水平、产品能力和产业规模均与我国制造大国地位不匹配。跨国企业、集团型央企和大型企业超过半数使用国外 ERP；在军工领域，浪潮和用友有 ERP 解决方案与应用案例，但核心业务模块（如供应链和生产管理）仍使用 SAP 公司的软件。

2. 运维服务类工业软件

我国运维服务类工业软件市场规模较大，据预测，仅民航行业到 2025 年我国航空维修市场规模将达到近 150 亿美元，年复合增长率达到 7.8%，高于全球平均水平，具有广阔的市场前景。在国外，国际大型的科技或信息企业有自己的产品，同时相关产品在航空、能源、工程机械等领域得到了广泛的应用，主要包括 Oracle 公司的综合维护、维修和大修管理系统（Complex MRO）、SAP 的 SAP MRO，Siemens 的 Teamcenter MRO，IBM 的 Maximo、AuRA 等。在国内，主要有北京博华信智科技股份有限公司基于设备故障机理、CPS、大数据分析、RCM 等技术研发的设备全生命周期管理平台、安徽容知日新的 iEAM 系统、北京神农氏软件有限公司开发的"SmartEAM 设备管理系统"。国内相关产品不论是产品技术、功能还是市场占有率等方面都与国外的产品还存在一定的差距。

3. 生产控制类的工业软件

国外流程制造行业的软件产品特色主要在于高效的先进控制功能和完善的产品线，可以提供从基础控制、优化控制、生产管理到仿真测试的一站式解决方案。而国内厂商规模相对较小，主要集中在中低端的细分市场，虽然单项产品具有不错的实力，但是缺少智能工厂整体数字化解决方案。国外厂商在高端离散行业市占率较高，国内厂商主要集中在中低端的细分市场，且规模相对较小。国内厂商在具有垄断性、生产技艺较为成熟的流程行业初步完成国产化替代。

4. 研发设计类工业软件

研发设计类软件主要包括计算机辅助设计（CAD）、计算机辅助制造（CAM）、计算机辅助工程（CAE）、电子设计自动化（EDA）及新兴的系统级设计与仿真软件等。目前，国内部分软件厂商虽然有了一定的产品和客户积累，但传统国产研发设计类软件还存在整体水平不高、关键技术对外高通用型研发设计类软件，外资厂商占据主要的市场份额，国内厂商追赶难度较大。研发设计类软件具有跨学科，复杂知识系统的工程化特点，造成商业化难度大，生态构建难。同时由于通用型软件厂商正在以平台化的方式快速发展，国内厂商追赶难度较大。

4.5.4 国产 CAD 软件

2020 年 5 月，美国商务部将我国的哈尔滨工业大学等高校列入了对华制裁的"实体名单"，因此美国著名的工业软件公司 MathWorks 对这些高校师生使用的正版 MATLAB 软件取消激活，导致这些高校师生无法继续使用 MATLAB 软件。[①] 该事件引起我国各界的高度关注，同时其他常用的工业软件也开始走进公众视野，如 AutoCAD、Ansys 等。MATLAB 是工科学生比较熟悉的软件，其最大的优势就是包含了非常丰富的函数库、工具包和仿真模块。很多工科研究人员缺少了 MATLAB 软件，科研的效率大大降低。通过这个事件，人们也开始重新关注国产工业软件的发展状况，下面以 CAD 和 EDA 等研发类软件为例，来对国产工业软件的发展情况进行简述。

在工业软件中，以 CAD、CAE、EDA 为代表的研发设计类软件是最为关键的，这也是国内工业软件中最薄弱的环节。我国工业软件的自主研发在 20 世纪 80 年代曾经出现过一段小高潮，而后受政策转向和国际环境的影响，逐渐转入低谷。

目前，在 CAD 软件领域呈现出国外巨头垄断的情况，美国的 Autodesk 和 PTC、法国的达索、德国西门子共同占据了我国 CAD 市场 90% 以上的份额，国内厂商占据的份额非常小。国内 CAD 软件的公司主要有中望龙腾、山大华天和数码大方等，虽然出现了中望3D、SINOVATION 等国内领先的产品，但是在功能上与国外软件相差较大，未能实质性地打破国外软件的垄断。

我国在 20 世纪 60 年代就开始了 CAD 软件的研究，最早的研究是从基础的曲线曲面和几何造型开始的，主要参与人员是航空、船舶的研究所或企业的研究人员和高校教师，

---

① 凤凰网. 美政府滥用"实体清单"，中断对哈工大等高校商用数学软件授权，2020.5.20.

并取得了一些理论和应用上的成果。美国和法国 CAD 软件的发展与航空制造业的渊源很深，与此情况相似，我国的航空、船舶制造业在推动 CAD 的发展中，同样起到了引领的作用。1971 年，上海市组建"数学放样会战组"；1982 年，数学家苏步青等专家发起并成立了全国高校"计算几何协作组"；1983 年，国家科委等八部委在南通市召开了我国首届 CAD 应用工作会议，会上详细陈述了开放 CAD 软件的设想，这次会议成为我国 CAD 产业的一个里程碑。

从 20 世纪 90 年代开始，国产 CAD 软件进入发展的黄金时期。1991 年，时任国务委员的宋健提出"甩掉绘图板"，国家科委等八部委联合向国务院上报了《大力协同开展 CAD 应用工程》的报告，经国务院办公厅批复，全国启动了"CAD 应用工程"，在八五（1991—1995）和九五（1996—2000）期间，国内掀起了 CAD 软件研发、推广和应用的高潮。推出了一批有自主版权的 CAD 软件产品，如孙家广院士和周济院士团队开发的"高华 CAD"，上海市推出的"白玉兰 CAD"，属于通用 CAD 软件的"PICAD"、深圳乔纳森的"中国CAD"、武汉的"开目 CAD"等，整个 CAD 产业发展一片欣欣向荣的景象。

随着 CAD 基础理论和应用技术的不断发展，对 CAD 系统的功能要求也越来越高。由于三维 CAD 系统具有可视化程度高、形象直观、设计效率高，以及能为企业数字化的各类应用环节供应完整的设计、工艺和制造信息等优势，逐步取代传统的二维 CAD，三维CAD 代表了数字化设计技术的发展方向。

到了三维 CAD 软件时代，有两件事情发生了根本性的变化，一个是技术，一个是市场。三维 CAD 软件的技术门槛是相当高的，建模技术、几何造型技术、渲染技术等多种深度基础技术，再有强大的系统设计能力和产品化能力加持，才有可能走向市场。这需要基础科学的高端人才、密集的劳动、长期的资金投入。另外一个问题，在于三维 CAD 软件市场门槛的准入。对于刚刚加入世界贸易组织（WTO）的中国，外商的新产品如潮水般涌入。尽管中国选择性地进行了放开、防御，仍有一些领域没有照顾到，工业软件首当其冲。可以说，中国的三维 CAD 软件幼苗，面临着"三座大山"：高端成熟的软件、盗版的低成本软件，以及大量国外厂商带来的"外资狼群"。"外资狼群"由主机厂、配套设备和配套软件构成了铁三角。中国一直探讨的"市场换技术"，其目标过度集中于主机厂，而诸多技术优势是隐含在配套设备和配套软件中，导致中国自主厂商很难挤进这个市场（林雪萍，2021）。

与此同时，国内很大一部分 CAD 产品是在 AutoCAD 软件上的二次开发，二次开发商的产权却往往落到国外厂商的手中。集成商投入大量精力进行二次开发，但始终无法形成自己的品牌，也很难把控知识产权。

发展自主之路从来都很艰辛。浮华过后，那些曾经活跃在舞台上的 CAD 软件厂商开始纷纷退场。尽管国产 CAD 软件的发展一路荆棘，但也有很多欣喜的亮点。例如，苏州浩辰软件的 2D 产品通过"先海外，后国内"的战略，取得了良好收益。2021 年 4 月，在中国 450 万个 App 月活跃第三方排名中，CAD 手机看图版软件"浩辰看图王"App 的下载量闯进前 300 名的行列。它带来的业务收入大幅度增长。在这条路线上，它远远甩开了不可一世的 AutoCAD。华天软件则在石油化工静设备的设计制造一体化和三维数据长期存档方面，闯出一条新路。中望公司在 2010 年收购了美国一家三维 CAD 软件公司，多年发展下来,逐渐呈现出积极的化学反应。2021年3月,广州中望龙腾软件公司在上海证券交易所科创板成功上市,成为国内CAD软件厂家中的第一家上市公司。这是中国工业软件历史上的大事,意味着资本的目光开始转向工业软件公司。

CAD软件是最基本的设计工具,用户习惯就像是一个巨大磁场中的一块铁,脱离磁场是一次艰难的跋涉。国内工业软件也许短时间内无法整体打开局面,但它正在昂首站起来,从各个角度去尝试、突破、撬动、发展,努力增加自有磁场的吸引力,久久为功,走向成熟(林雪萍,2021)。

接下来对我国的CAD企业及产品进行简单介绍。

1. 广州中望龙腾软件股份有限公司

广州中望龙腾软件股份有限公司是我国CAx(CAD/CAE/CAM)解决方案供应商之一,拥有二维、三维CAD自主核心技术及CAE仿真技术,专注于CAD技术超过20年。中望软件最早的产品是室内设计软件,而后逐步走向自主CAD软件的开发之路。2010年中望软件收购了美国的VX公司,并且开始在美国成立了研发中心,从而开始了3D CAD/CAM的开发,广州中望目前在广州、武汉、北京、上海、美国佛罗里达设有五个研发中心。中望系列软件产品已经拥有15个语言版本,在全球90多个国家和地区建立了超过260家合作伙伴,并设立了美国子公司,越南二级子公司,全球正版用户突破90万。

中望3D是中望软件具有自主知识产权,集"曲面造型、实体建模、模具设计、装配、钣金、工程图、2-5轴加工"等功能模块于一体,覆盖产品设计开发全流程的高端三维CAD软件,应用于机械、模具、汽配等设计和制造领域。

中望软件还有中望电磁仿真软件(ZWSim-EM,简称"中望电磁"),这是一款全波三维电磁仿真软件,具有仿真精度高、速度快、耗存少,建模能力强和用户界面友好等优点。

2. 山东山大华天软件有限公司

山东山大华天软件有限公司(以下简称华天软件)成立于1993年。华天软件拥有三维设计、智能管理、可视化三大技术平台和创新设计、卓越制造、数字化服务三大系列产品线。作为以3D为核心的智能制造软件服务商,华天软件专注于智能制造,拥有三维软件内核技术,为制造业提供全面信息化解决方案。在全国培育了千余家用户,形成多个汽车、模具、轴承、专用设备、电子等行业解决方案,软件产品广泛应用于汽车、模具、机械设计制造、航空航天等领域。

华天软件的产品线非常丰富,SINOVATION产品是华天软件拥有自主版权的国产三维CAD/CAM软件,为我国制造业的产品创新研发提供了可靠的软件平台。SINOVATION具有混合建模、参数化设计、直接建模、特征造型功能以及产品设计动态导航技术;提供CAM加工技术、冲压模具、注塑模具设计以及消失模设计加工、激光切割控制等专业技术;提供产品制造信息PMI及三维数模轻量化浏览器;支持各种主流CAD数据转换和用户深层次专业开发。SINOVATION相关3D技术应用于航天、石化、模具、工业机器人、核电等行业。

SVMAN是华天软件基于完全自主的三维技术平台研发的三维工艺系统,包括三维装配工艺和三维机加工艺。SVMAN承接产品的设计三维数模,将工艺设计思路和方法融入与三维产品模型的可视化交互过程中,以装配动画、工序模型动态演变等形式,辅助工艺设计、预测装配问题，模拟产品生产过程，指导现场生产。

4.5.5 国产 EDA 软件

电子设计自动化(Electronic Design Automation，EDA)软件是集成电路设计中最关键、最重要的软件工具，被视为"芯片产业皇冠上的明珠"，是集成电路设计产业最上游和最高端的环节。EDA 包含集成电路的设计、布线、验证、仿真等所有流程，和半导体行业的飞速发展紧密地绑定在一起。电子设计师使用 EDA 软件在计算机上自动完成电子产品的电路设计、性能分析、集成电路版图、印刷电路板版图的全部过程。由于芯片产品不同于软件，软件在设计和使用中可以不断地修改以消除发现的缺陷，而芯片一旦制造出流片就无法修改，所以在芯片制造之前，必须借助 EDA 软件进行虚拟设计、模拟和仿真，确认无误后才正式流片。现在的芯片集成度非常高，芯片设计人员需要通过 EDA 软件对几十万甚至几十亿的晶体管进行设计，这样可以减少芯片设计和制造的成本。近年来随着集成电路技术的快速发展，EDA 软件重要性也越来越凸显，甚至成为了芯片设计工具的代名词。

近期，市场调查机构 Gartner 发布了最新预测，2024 年全球半导体产值预计能达到6309 亿美元，整个 EDA 软件的全球市场规模仅约为 150 亿美元，相对于 6000 亿美元的半导体产业，它的产值占比不算大。EDA 软件和它支撑的产业像一个倒立的金字塔，如图4-2 所示。但是，在这个庞大的产业背后，EDA 软件起着非常关键的作用，如果没有了这块基石，全球所有的芯片设计公司都会立即停顿，半导体等其他产业构成的这个倒金字塔就会瞬间坍塌。

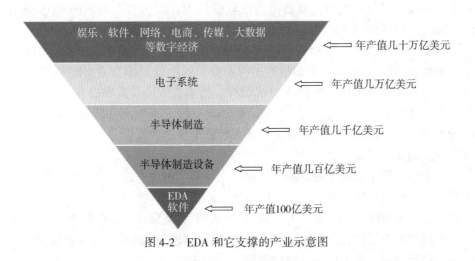

图 4-2　EDA 和它支撑的产业示意图

目前，全球 EDA 软件市场也呈现高度集中的情形，美国的新思科技(Synopsys)和楷登电子(Cadence)及德国的西门子 EDA 三家企业占据了全球超过 70% 的市场份额，这些企业能够提供涵盖模拟、数字前端、数字后端、可测性设计等全套芯片设计解决方案，在行业领域具有绝对优势，并在 EDA 领域形成了技术壁垒。

我国的 EDA 公司起步较晚，20 世纪七八十年代，由于西方国家对我国禁售 EDA 软件，我国开始进行了自主研发的道路。到 20 世纪 90 年代初，我国第一款具有自主知识产权的 EDA 工具"熊猫 ICCAD 系统"研发成功。但随着西方国家解除了 EDA 软件的禁售，国外大量成熟的 EDA 工具涌入我国，从此国内的 EDA 软件的发展陷入低谷。从 2008 年开始，随着我国开始对 EDA 行业重视程度越来越高，国内 EDA 行业迎来了发展的契机，国内涌现出一批 EDA 公司，知名度较高的有概伦电子、华大九天、广立微、芯和半导体、国微集团、芯愿景、芯华章等，其中概伦电子已于 2021 年 12 月上市，该公司在电路仿真和器件建模方面已有一定的竞争力，其客户有三星、台积电、SK 海力士等行业巨头。随着市场规模的扩大，在 2020 年我国 EDA 市场的销售额已经达到 66.2 亿元，增长速度显著。

与此同时，我们还应看到国内 EDA 软件主要集中在对芯片制程的工艺迭代要求不高的模拟芯片领域，而在 EDA 其他三个领域（数字设计 EDA、验证 EDA、制造良品率 EDA），仍有很多不足，国内还没有出现能够支撑 EDA 全部流程的产品。例如在数字设计 EDA 领域，国内企业在前端和后端环节都缺乏部署，主要原因是由于海外的新思科技、铿腾电子、西门子 EDA 三家企业与台积电、三星等几家世界最大的晶元代工企业合作是全方位的，国内 EDA 企业与这些晶元代工厂还缺乏紧密的合作，致使国内 EDA 软件不能使用在设计、仿真、验证 5nm 制程的芯片。尽管国产 EDA 软件还有明显不足，但随着我国政策的推动，以及投入力度的加大，国产 EDA 软件正逐步在细分领域中形成比较优势，在市场的份额也呈上升趋势。下面介绍国产 EDA 软件的代表公司华大九天软件公司。

北京华大九天软件有限公司（以下简称华大九天）成立于 2009 年，致力于面向泛半导体行业提供一站式 EDA 及相关服务。华大九天总部位于北京，在上海、深圳、日本、韩国、东南亚等地设有分支机构，是目前国内规模最大、技术实力最强的 EDA 龙头企业。在 EDA 方面，华大九天可提供数模混合/全定制 IC 设计全流程解决方案、数字 SoC 后端优化解决方案、晶元制造专用 EDA 工具和平板（FPD）全流程设计解决方案。围绕 EDA 提供的相关服务包括设计服务及晶元制造工程服务，其中设计服务业务包括集成电路 IP、设计服务等，晶元制造工程服务包括 PDK 开发、模型提取以及良率提升大数据分析等。

华大九天提供了数模混合信号 IC 设计平台全流程工具、高性能并行电路仿真工具、波形查看工具，高性能精准物理验证工具及大容量寄生参数提取分析工具无缝集成，为用户提供一站式的完整解决方案。

华大九天还提供平板显示设计的全流程解决方案，包含电路仿真工具套件、基本版图设计工具、高级版图设计工具、异形版图设计工具、3D RC 提取分析工具套件、版图验证工具套件、面板级版图分析工具套件、掩膜分析模拟工具套件、智能数据分析管理工具套件。所有工具都被有机地整合在华大九天设计平台，使平板显示设计流程变得高效平滑，不仅能确保设计质量，还可以提升设计效率。

华大九天提供了一系列数字 SoC 设计优化工具，支持 7+/7nm 先进工艺，在保证设计质量的同时提高设计效率，免去项目延宕忧虑，保证既定的流片安排。目前，数字 SoC 设计与优化工具已被列入国内外多家世界级设计公司的标准设计流程，国内市场占有率 85% 以上，被华为海思、紫光展锐、兆芯、Marvell、TSMC、中芯国际、长江存储、NVIDIA、XILINX、SanDisk、三星等近百家企业采用。

参考文献与资料

［1］冯玉琳，钟华．现代软件技术［M］．北京：化学工业出版社，2004．

［2］高英，汤庸．计算生态导论［M］．北京：清华大学出版社，2021．

［3］钛媒体 APP 百家号．百亿市场遭"卡脖子"，中国工业软件何时解困？［EB/OL］．
［2022.08.08］．https：//baijiahao.baidu.com/s？id＝1728138157877147629&wfr＝
spider&for＝pc．

［4］IT168．了解中国软件发展史［EB/OL］．［2022.08.08］．https：//www.sohu.com/a/23
7155555_114838．

［5］央广网百家号．工信部：2021 年软件业务收入 94994 亿元同比增长 17.7%［EB/OL］．
［2022.08.08］．https：//baijiahao.baidu.com/s？id＝1722828774641241920&wfr＝spider
&for＝pc．

［6］电脑报百家号．中国 IT 崛起时代：国产电脑软件三十年沉与浮［EB/OL］．［2022.
08.08］．https：//baijiahao.baidu.com/s？id＝1739497765320569572&wfr＝spider&for＝
pc．

［7］中国工业技术软件化产业联盟．中国工业软件产业白皮书(2020)．2020．

［8］林雪萍．工业软件简史［M］．上海：上海社会科学出版社，2021．

［9］骆轶琪．"芯片之母"EDA 的国产化之路［N］．21 世纪经济报道，2021-08-06(012)．

［10］秦枭．"EDA 第一股"登陆科创板 国产 EDA 加速破局［N］．中国经营报，2022-01-10
（C02）．

第5章 基于国产自主可控的云计算技术

☞ **学习目标**：了解云计算技术框架、发展和应用，了解国产自主可控云计算技术的发展现状和趋势。

☞ **学习重点**：云计算技术架构、云计算的应用。

5.1 云计算技术概述

云计算(Cloud Computing)是分布式计算的一种，指的是通过网络"云"将巨大的数据计算处理程序分解成无数个小程序，通过多部服务器组成的系统处理和分析这些小程序，得到结果后返回给用户。在早期，云计算就是简单的分布式计算，解决任务分发问题，并进行计算结果的合并，云计算又称为网格计算。通过这项技术，可以在很短的时间内(几秒钟)完成对数以万计的数据的处理，从而实现强大的网络服务。

2006年8月，世界搜索引擎大会首次提出云计算概念，即把一个个服务器或者计算机连接起来构成一个庞大的资源池，以获得超级计算机的性能，同时又保证了较低的成本。云计算的出现使高性能并行计算走近普通用户，让计算资源像用水和用电一样方便，从而大大提高了计算资源的利用率和用户的工作效率。

云计算自提出至今，大致经历了形成阶段、发展阶段和应用阶段。过去十多年云计算技术突飞猛进，全球云计算市场规模增长数倍，我国云计算市场从最初的十几亿增长到现在的千亿规模，全球各国政府纷纷推出"云优先"策略，我国云计算政策环境日趋完善，云计算技术不断发展成熟，云计算应用从互联网行业向政务、金融、工业、医疗等传统行业加速渗透。

5.1.1 云计算的关键技术

云计算的关键技术包括：虚拟化、分布式数据存储、资源管理技术、能耗管理技术、信息安全等。

(1)虚拟化技术：虚拟化是云计算最重要的核心技术之一，它为云计算服务提供基础架构层面的支撑，是ICT服务快速走向云计算的最主要驱动力。虚拟化只是云计算的重要组成部分，但不能代表全部的云计算，虚拟化技术的优势是增强系统的弹性和灵活性，降低成本、改进服务、提高资源利用效率。从表现形式上看，虚拟化又分两种应用模式，一是将一台性能强大的服务器虚拟成多个独立的小服务器，服务不同的用户；二是将多个服务器虚拟成一个强大的服务器，完成特定的功能，这两种模式的核心都是统一管理，动态分配资源，提高资源利用率。

(2)分布式数据存储技术。云计算通过将数据存储在不同的物理设备中，能实现动态负载均衡，故障结点自动接管，具有高可靠性，高可用性、高可扩展。在多结点的并发执行环境中，各个结点的状态需要同步，并且在单个结点出现故障时，系统需要有效的机制以保证其他结点不受影响。这种模式不仅摆脱了硬件设备的限制，同时扩展性更好，能够快速响应用户需求的变化。同时，云计算利用多台存储服务器分担存储负荷，利用位置服务器定位存储信息，它不但提高了系统的可靠性、可用性和存取效率，还易于扩展。

(3)资源管理技术。云计算系统的平台管理技术，需要具有高效调配大量服务器资源，使其更好地协同工作，方便部署和开通新业务，快速发现并且恢复系统故障，通过自动化、智能化手段实现大规模系统可靠的运营是云计算平台管理技术的关键。

(4)能耗管理技术。随着云计算规模越来越大，其本身的能耗越来越不可忽视。通过升级网络设备，增加节能模式，降低基站的发射功率，能够减少网络设施在未被充分使用时的耗电量。新的低功耗缓存技术可以和现有技术相结合，在保持性能的同时降低能耗，使用紧凑的服务器配置，直接去掉未使用的组件，也能够减少能量的损失。

(5)信息安全技术。有数据表明安全已经成为阻碍云计算发展的最主要原因之一。在云计算体系中，安全涉及很多层面，包括网络安全、服务器安全、软件安全、系统安全等。目前，软件安全厂商和硬件安全厂商都在积极研发云计算安全产品。

5.1.2 云计算技术优势

云计算具有高灵活性、可扩展性和高性价比等优点，与传统的网络应用模式相比，其具有如下优势与特点：

(1)动态可扩展。云计算具有高效的运算能力，在原有服务器基础上增加云计算功能能够使计算速度迅速加快，最终能够实现动态扩展虚拟化的层次达到对应用进行扩展的目的。

(2)灵活性高。目前市场上大多数 IT 资源、软件、硬件都支持虚拟化，比如存储网络、操作系统和开发软件、硬件等。虚拟化要素统一放在云系统资源虚拟池当中进行管理，使得云计算的兼容性非常强，不仅可以兼容低配置机器、不同厂商的硬件产品，还能够使外设获得更高性能的计算。

(3)可靠性高。对于云计算系统而言，服务器故障也不影响计算与应用的正常运行，因为单点服务器出现故障可以通过虚拟化技术将分布在不同物理服务器上面的应用进行恢复或利用动态扩展功能部署新的服务器进行计算。

(4)性价比高。云计算将资源放在虚拟资源池中统一管理在一定程度上优化了物理资源，用户无需昂贵、存储空间大的主机，可选择相对廉价的 PC 组成云，在不削减计算性能的同时，大大降低费用。

(5)可扩展性。用户可以利用应用软件的快速部署条件来更为简单快捷地将自身所需的已有业务以及新业务进行扩展，在对虚拟化资源进行动态扩展的同时，能够高效扩展应用，提高计算机云计算的操作水平。

5.2　云计算的分类

云计算作为发展中的概念，根据目前业界基本达成的共识，可以从云计算部署方式和云计算服务类型进行分类。

5.2.1　基于云计算部署方式的分类

云计算按部署方式方可分为公有云、私有云和混合云。

（1）公有云。公有云是最基础的服务，成本较低，是指多个客户可共享一个服务提供商的系统资源，无须架设任何设备及配备管理人员，便可享有专业的 IT 服务，这对于一般创业者、中小企来说，能够降低企业的运营成本。

（2）私有云。为了兼顾行业、客户私隐，将重要数据存放到架设私有云端网络。私有云的运作形式，与公共云类似。然而，架设私有云企业需自行设计数据中心、网络、存储设备，并且拥有专业的顾问团队。企业管理层必须充分考虑使用私有云的必要性，以及是否拥有足够的资源来确保私有云正常运作。

（3）混合云。混合云是公有云和私有云的结合体，结合了公有云和私有云的各自优势，可以在私有云上运行关键业务，在公有云上进行开发与测试，操作灵活性较高，安全性介于公有云和私有云之间。混合云既可以尽可能多地发挥云服务的规模经济效益，同时又可以保证数据的安全性，是未来的云服务发展趋势之一。

5.2.2　基于云计算服务类型的分类

云计算按服务类型可分为基础设施即服务（IaaS）、平台即服务（PaaS）和软件即服务（SaaS），如图 5-1 所示，分别为客户提供构建云计算的基础设施、云计算操作系统、云计算环境下的软件和应用服务。

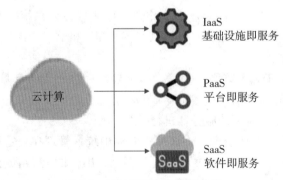

图 5-1　云计算按服务类型分类

1. 基础设施即服务

IaaS 是网络上提供虚拟存储的一种服务方式，可以根据实际存储容量来支付费用。IaaS 将内存、I/O 设备、存储和计算能力整合成一个虚拟的资源池，为整个业界提供所需要的存储资源和虚拟化服务器等服务，把厂商的由多台服务器组成的"云端"基础设施作为计量服务提供给客户。IaaS 的优点是用户只需低成本硬件，按需租用相应的计算能力和存储能力，大大降低了用户在硬件上的开销，其代表性产品为亚马逊的 EC2、中国电信上海公司与 EMC 合作的"e 云"等。

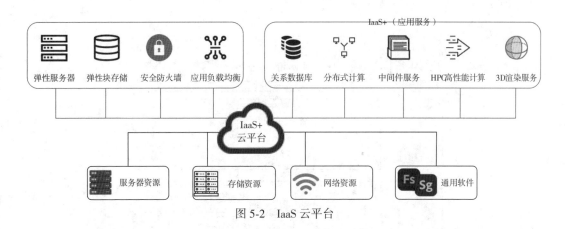

图 5-2 IaaS 云平台

2. 平台即服务

PaaS 把开发环境作为一种服务来提供，它是一种分布式平台服务，厂商提供开发环境、服务器平台、硬件资源等服务给用户，用户在其平台基础上定制开发自己的应用程序并通过其服务器和互联网传递给其他用户，PaaS 能够给企业或个人提供研发的中间件平台。PaaS 代表性产品包括 Google 的 App Engine、Salesforce 的 force.com 平台和八百客的 800App 等。

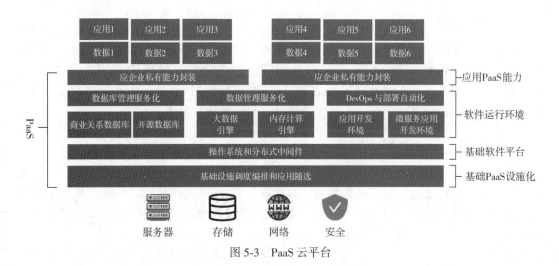

图 5-3 PaaS 云平台

3. 软件即服务

SaaS 提供商将应用软件统一部署在自己的服务器上，用户根据需求通过互联网向厂商订购应用软件服务，服务提供商根据用户所定软件的数量、时间的长短等因素收费，并且通过浏览器向客户提供软件的模式。这种服务模式的优势是由服务提供商维护和管理软件，提供软件运行的硬件设施，用户只需拥有能够接入互联网的终端，即可随时随地使用软件。SaaS 的代表性产品包括 Google Doc、Google Apps 和 Zoho Office，SaaS 云平台结构如图 5-4 所示。

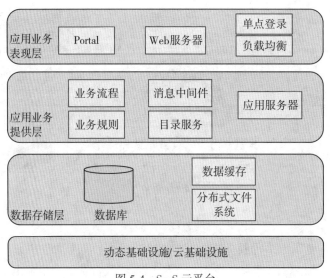

图 5-4　SaaS 云平台

5.3　国产云计算的发展情况

自 2006 年至今，国内云计算技术发展迅速，随着新基建的推进，云计算将加快应用落地进程，在互联网、政务、金融、交通、物流、教育等不同领域实现快速发展，云计算成为企业数字化转型的必然选择，企业上云进程将进一步加速，特别是新冠肺炎疫情的暴发，加速了远程办公、在线教育等 SaaS 服务落地，推动云计算产业快速发展。国内具有代表性的云计算平台有阿里云、天翼云、腾讯云和百度云。

5.3.1　阿里云

近年来，阿里云致力于打造公共、开放的云计算服务平台，借助技术的创新，不断提升计算能力与规模效益，将云计算变成了真正意义上的公共服务。与此同时，阿里云将通过互联网的方式使用户可以便捷地按需获取阿里云的云计算产品与服务，最具代表性的是阿里云"飞天"平台，如图 5-5 所示。

阿里云"飞天"开放平台是在数据中心的大规模 Linux 集群之上构建的一套综合性的软件和硬件系统，将数以千计的服务器联成一台"超级计算机"，并且将这台超级计算机的存储资源和计算资源，以公共服务的方式，输送给互联网上的用户或者应用系统。

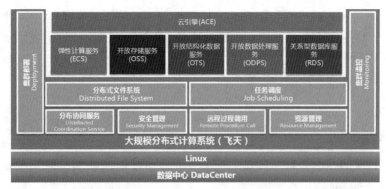

图 5-5　阿里云"飞天"平台架构

阿里云飞天平台包括飞天内核和飞天开放服务两大组成部分。飞天内核为上层的飞天开放服务提供存储、计算和调度等方面的底层支持，包括协调服务、远程过程调用、安全管理、资源管理、分布式文件系统、任务调度、集群部署和集群监控模块。

（1）"女娲"（Nuwa）系统为飞天提供高可用的协调服务（Coordination Service），是构建各类分布式应用的核心服务，它的作用是采用类似文件系统的树形命名空间来让分布式进程互相协同工作。例如，当集群变更导致特定的服务被迫改变物理运行位置时，如服务器或者网络故障、配置调整或者扩容时，借助"女娲"系统可以使其他程序快速定位到该服务新的接入点，从而保证了整个平台的高可靠性和高可用性。

（2）"夸父"（Kuafu）是飞天内核中负责网络通信的模块，它提供了一个 RPC 的接口，简化编写基于网络的分布式应用。"夸父"的设计目标是提供高可用(7×24 小时)、大吞吐量(Gigabyte)、高效率、易用(简明 API、多种协议和编程接口)的 RPC 服务。

（3）"钟馗"（Zhongkui）是飞天内核中负责安全管理的模块，它提供了以用户为单位的身份认证和授权，以及对集群数据资源和服务进行的访问控制。通过"钟馗"实现基于密钥机制的用户的身份认证和基于权能（Capability）机制进行授权（Authorization）的用户对资源的访问控制。

（4）"盘古"（Pangu）是一个分布式文件系统，"盘古"的设计目标是将大量通用机器的存储资源聚合在一起，为用户提供大规模、高可靠、高可用、高吞吐量和可扩展的存储服务，是飞天内核中的一个重要组成部分。

（5）"伏羲"（Fuxi）是飞天内核中负责资源管理和任务调度的模块，同时也为应用开发提供了一套编程基础框架，"伏羲"同时支持强调响应速度的在线服务和强调处理数据吞吐量的离线任务，这两类应用分别简称为 Service 和 Job。

（6）"神农"（Shennong）是飞天内核中负责信息收集、监控和诊断的模块。它通过在每台物理机器上部署轻量级的信息采集模块，获取各个机器的操作系统与应用软件运行状态，监控集群中的故障，并通过分析引擎来评估整个"飞天"的运行状态。

（7）"大禹"（Dayu）是飞天内核中负责提供配置管理和部署的模块，它包括一套为集群的运维人员提供的完整工具集，功能涵盖了集群配置信息的集中管理、集群的自动化部署、集群的在线升级、集群扩容、集群缩容，以及为其他模块提供集群基本信息等。

"飞天"平台是阿里巴巴自主研发的云计算平台,目前单集群规模已达到 5000 台,通过中控集群,可以管理多达十几万台服务器的管理能力,达到世界一流的技术水平,是中国云计算领域零的突破。"飞天"平台是阿里云的核心技术资产,使阿里云能够全面掌控和主导相关云计算技术和产品的发展方向。

5.3.2　天翼云

中国电信天翼云的愿景目标是通过实施虚拟化、云化和服务化,形成一体化的融合技术架构,最终实现简洁、敏捷、开放、融合、安全、智能的新型信息基础设施的资源供给,天翼云技术架构如图 5-6 所示。

图 5-6　天翼云技术架构

天翼云基础设施之上是资源部分,除了包括云资源(计算、存储和 DC 内网)和网络资源(主要指广域网)外,还纳入了数据资源和算力资源(主要指面向 AI 的计算资源,如 GPU),形成多源异构的资源体系。在资源设施之上是统一的天翼云操作系统,该系统对各种资源进行统一抽象、统一管理和统一编排,并支持云原生的开发环境和面向业务的天翼云切面能力。在天翼云操作系统中,还引入了天翼云大脑和安全内生能力。其中,天翼云大脑主要利用大数据和人工智能技术对于复杂的天翼云资源进行智能化的规划、仿真、预测、调度、优化等,实现天翼云管理的自运行、自适应、自优化。安全内生主要引入主动防疫和自动免疫等技术,对于天翼云资源实现端到端的安全保障,并面向业务提供安全服务。天翼云操作系统可以全面支撑数字化平台。数字化平台的内涵是面向数字经济打造一个生态化、数据化、开放化的能力平台,主要提供天翼云能力开放、数字化开发运行环境、数据多方共享和生态化价值共享机制等,服务于各种行业的数字化解决方案,例如工业互联网、智慧城市、车联网。总体来说,天翼云具有以下特点:

(1)云边端智能协同:随着计算、存储和网络技术的持续演进,面向客户和业务的个性化需求,需要灵活高效地支持计算、存储和带宽等不同资源,在不同终端形态、不同组网模式下在天翼云边端的有效分布和智能协同。

(2)数据和算力等新型资源融合:在传统的计算,存储和网络的云资源基础之上,增加数据资源维度,实现天翼云和全局统一数据视图;增加算力资源维度,特别是面向 AI

的超算资源，实现天翼云的全局算力共享和智能调度。

（3）一体化智能内生机制：在天翼云统一的数据视图基础上，构建天翼云运营的数字孪生体系，通过深度学习、强化学习等人工智能算法，实现天翼云融合端到端系统的自适应、自学习、自纠错、自优化。

（4）端到端安全内生机制：基于自适应的安全框架和安全原子能力，构建内生安全体系，通过智能安全防御、检测、响应、预测，实现具有自免疫性、自主性、自成长性的天翼云端到端安全。

5.3.3 腾讯云

腾讯云是腾讯公司旗下的产品，为开发者及企业提供云服务、云数据、云运营等整体一站式服务方案，其整体架构如图 5-7 所示。具体包括：云服务器、云存储、云数据库和弹性 Web 引擎等基础云服务，腾讯云分析（MTA）、腾讯云推送（信鸽）等腾讯整体大数据能力，以及 QQ 互联、QQ 空间、微云、微社区等云端链接社交体系。这些正是腾讯云可以提供给这个行业的差异化优势，造就了可支持各种互联网使用场景的高品质的腾讯云技术平台。

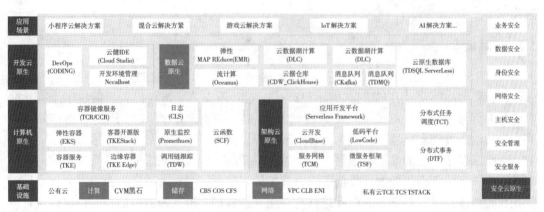

图 5-7　腾讯云整体架构

腾讯云架构解耦的控制组件容器化部署，实现基于控制系统的灵活部署和容器部署的云计算调度，和被部署组件应用的高可用性、弹性伸缩和安全隔离。利用开通虚拟化技术，实现分布式的存储、计算和网络的弹性伸缩服务。腾讯云实现了运维端、租户端和运营端三端一中心通过统一的 TCenter 的 Web 控制台接入。

其丰富的云产品服务选择，提供基于 PaaS（平台即服务）、IaaS（基础设施即服务）和 SaaS（软件即服务）的一站式服务。腾讯云具体拥有以下几点优势：

（1）灵活地私有网络服务：为负载均衡、云上的云服务器和云数据库等云服务资源提供网络环境，需在云上构建一个或多个相互隔离的网络空间。其服务功能包括 IP 地址分配、自定义网段划分和路由策略设定等，以及通过安全组实现网络安全防护。

（2）同城和异地容灾：同城容灾可通过使用云服务器跨可用区部署实现，多地容灾可通过跨地域部署实现。在出现故障情况的前提下，确保和保持服务持续可用。

（3）云服务器 CVM 的弹性伸缩：弹性的关键特征是可增可减、可大可小地利用云计算资源。弹性分配的主要目的是确保用户在使用云计算资源时，不必担心因为资源供给不足而导致不能满足客户需要及应用程序不能很好地运行，也不必担忧因为资源过度供给而导致的额外使用开销。弹性伸缩可以解决需要快速按需搭建和释放软件测试环境和软件快速部署的场景，解决"双十一"促销的动态资源提供难题。全部资源都将以自适应伸缩的方式进行提供。

（4）基于 Kubernetes 的容器服务：指提供高度可扩展的管理服务和高性能容器编排，为容器化的应用提供资源调度、高效部署、动态伸缩和服务发现等一系列完整功能，解决测试、用户开发及运维过程的环境一致性问题，帮助用户提高效率，降低成本，以及大幅度提高大规模容器集群管理的便捷性。

（5）海量的对象存储服务：对象存储是指一种无数据格式限制、无目录层次结构，使用户能享受具备低成本、高拓展性、安全、可靠的数据存储服务。对象存储服务可容纳海量数据并支持 HTTPS/HTTP 协议访问的分布式存储服务。

（6）网络的访问控制级别：支出基于网络 ACL（子网间）和安全组（子网内部）两种级别的访问控制。可以根据自定义访问控制相关规则和业务的扩展，对特定资源实现访问权限管理。

5.3.4　百度云

经过 15 年的技术积累，百度拥有强大的底层系统技术和基础架构，支撑搜索、贴吧、知道、百科等 20 多个用户数过亿的用户产品，同时还支撑了凤巢广告、阿拉丁、直达号等服务上百万企业客户的商业产品。百度的大规模集群建设与管理、海量数据存储和计算、自然语言处理和机器学习技术为百度云的开发提供了充足的数据与技术保证。

百度云基于百度的高可靠数据中心（如图 5-8 所示），使用先进的集群管理系统对服务器进行统一运维管理，极大地降低了人力维护的繁琐性，可有效避免人为操作失误。同时依托智能调度技术，对部署的服务进行自动化冗余管理，可保障服务运行的稳定性。百度云拥有领先的虚拟化技术。通过虚拟机和软件定义网络，实现了多租户隔离及跨机房组网。客户与客户相互隔离，即便在同一个机房内也不可见，有效保证数据的安全性。同时在单地域内可以将部署在多个机房的服务纳入同一个虚拟网络，客户无须关心物理架构即可实现多机房冗余。百度云拥有多种存储技术，可针对客户不同应用场景提供量身定制的解决方案。无论是强大灵活的数据库，还是追求极致性能的 NoSQL 存储系统，或者是超低成本的海量数据备份，百度云都能为用户提供解决方案。所有存储系统均在百度内部有着多年应用实践，通过了海量数据的大规模压力考验，能够确保客户的数据安全可靠。

大数据技术是百度的强项。百度云拥有 MapReduce、机器学习、OLAP 分析等不同的大数据处理分析技术，客户可以对原始日志批量抽取信息，然后利用机器学习平台做模型训练，还可以对结构化后的信息实时多维分析，根据客户的关注点产生不同的报表，帮助业主做出决策。百度云为客户提供最完整的大数据解决方案，让业务数据能够产生最大价值。百度云还拥有顶尖的人工智能技术。上百位顶尖科学家的研究成果通过百度云向客户开放，从文本到语音再到图像，百度均代表着世界领先水准。在当前业界最热门的深度学习领域，百度也同样站在前沿，客户可以通过百度云，享受到世界一流的人工智能技术所带来的技术飞跃，使自己的业务变得更加智能。

图 5-8 百度云计算平台架构

5.4 国产云计算发展方向

近几年，无论是如火如荼的"新基建"、稳步推进的企业数字化转型，还是突如其来的疫情，都将云计算发展推向了一个新的高度。未来十年，云计算将进入全新发展阶段，具体表现为：

（1）云技术从粗放向精细转型。过去十年，云计算技术快速发展，云的形态也在不断演进。基于传统技术栈构建的应用包含了太多开发需求，而传统的虚拟化平台只能提供基本运行的资源，云端强大的服务能力红利并没有完全得到释放。未来，随着云原生技术进一步成熟和落地，用户可将应用快速构建和部署到与硬件解耦的平台上，使资源可调度粒度越来越细，管理越来越方便，效能越来越高。云需求从 IaaS 向 SaaS 上移。伴随着企业上云进程不断推进，企业用户对云服务的认可度逐步提升，对通过云服务进一步实现降本增效提出了新诉求。企业用户不再满足于仅仅使用基础设施层服务（IaaS）完成资源云化，而是期望通过应用软件层服务（SaaS）实现企业管理和业务系统的全面云化。未来，SaaS

81

服务必将成为企业上云的重要抓手，助力企业提升创新能力。

（2）云布局从中心向边缘延伸。随着 5G、物联网等技术的快速发展和云服务的推动，边缘计算备受产业关注，但只有云计算与边缘计算通过紧密协同才能更好地满足各种需求场景的匹配，从而最大化体现云计算与边缘计算的应用价值。未来，随着新基建的不断落地，构建端到端的"云、网、边"一体化架构将是实现全域数据高速互联、应用整合调度分发以及计算力全覆盖的重要途径。

（3）云安全从外延向原生转变。受传统 IT 系统建设影响，企业上云时往往重业务而轻安全，安全建设较为滞后，导致安全体系与云上 IT 体系相对割裂，而安全体系内各产品模块间也较为松散，作用局限且效率低。未来，随着原生云安全理念的兴起，安全与云将实现深度融合，推动云服务商提供更安全的云服务，帮助云计算客户更安全地上云。

（4）云应用从互联网向行业生产渗透。随着全球数字经济发展的进程不断推进，数字化发展进入动能转换的新阶段，数字经济的发展重心由消费互联网向产业互联网转移，数字经济正在进入一个新的时代。未来，云计算将结合 5G、AI、大数据等技术，为传统企业由电子化到信息化再到数字化搭建阶梯，通过其技术上的优势帮助企业在传统业态下的设计、研发、生产、运营、管理、商业等领域进行变革与重构，进而推动企业重新定位和改进当前的核心业务模式，完成数字化转型。

参考资料

[1] 中国云计算发展白皮书，2019 年
[2] 云网融合 2030 技术白皮书，2020 年
[3] https：//www. aliyun. com/
[4] https：//www. tencentcloud. com/
[5] https：//cloud. baidu. com/
[6] https：//www. ctyun. cn/act/

第6章　基于国产自主可控的大数据技术

☞ **学习目标**：了解大数据技术的基本情况、技术架构和应用，了解大数据的发展现状和趋势。

☞ **学习重点**：大数据技术架构、大数据的应用。

6.1　大数据概述

6.1.1　大数据定义

目前针对大数据的定义还没有统一的共识，较为流行且普及面相对较大的有以下几种：

百度百科定义的大数据（Big Data），或称巨量资料，指的是所涉及的资料量规模巨大到无法通过主流软件工具，在合理时间内达到采集、管理、处理，并整理成为帮助企业经营决策更积极目的的资讯。

研究机构 Gartner 认为大数据是需要新处理模式才能具有更强的决策力、洞察发现力和流程优化能力来适应海量、高增长率和多样化的信息资产。

维克托·迈尔-舍恩伯格和肯尼斯·库克耶共同编写的《大数据时代》提出，大数据是指不用随机分析法（抽样调查）这样捷径，而采用所有数据进行分析处理。

麦肯锡全球研究所把大数据定义为一种规模大到在获取、存储、管理、分析方面大大超出了传统数据库软件工具能力范围的数据集合，具有海量的数据规模、快速的数据流转、多样的数据类型和价值密度低四大特征。

6.1.2　大数据特征

大数据的特征可以用 6V 来描述，具体如下：

容量（Volume）：数据的大小决定所考虑的数据的价值和潜在的信息。

种类（Variety）：数据类型的多样性。

速度（Velocity）：指获得数据的速度。

可变性（Variability）：妨碍了处理和有效地管理数据的过程。

真实性（Veracity）：数据的质量。

价值（Value）：合理运用大数据，以低成本创造高价值。

6.1.3　大数据发展历史

2015 年 9 月，国务院印发《促进大数据发展行动纲要》（以下简称《纲要》），系统部署了大数据发展工作。《纲要》明确，推动大数据发展和应用，在未来 5 年至 10 年打造精准治理、多方协作的社会治理新模式，建立运行平稳、安全高效的经济运行新机制，构建以人为本、惠及全民的民生服务新体系，开启大众创业、万众创新的创新驱动新格局，培育高端智能、新兴繁荣的产业发展新生态。

《纲要》部署三方面主要任务。一要加快政府数据开放共享，推动资源整合，提升治理能力。大力推动政府部门数据共享，稳步推动公共数据资源开放，统筹规划大数据基础设施建设，支持宏观调控科学化，推动政府治理精准化，推进商事服务便捷化，促进安全保障高效化，加快民生服务普惠化。二要推动产业创新发展，培育新兴业态，助力经济转型。发展大数据在工业、新兴产业、农业农村等行业领域的应用，推动大数据发展与科研创新的有机结合，推进基础研究和核心技术攻关，形成大数据产品体系，完善大数据产业链。三要强化安全保障，提高管理水平，促进健康发展。健全大数据安全保障体系，强化安全支撑。

2014 年 12 月，中国航天科技集团有限公司、北京神舟航天软件技术有限公司对建设银行广东省分行成功完成了基于国产的"粤龙云"大客户数据分析平台的全部迁移。2015年 9 月 18 日贵州省启动我国首个大数据综合试验区的建设工作，通过 3 至 5 年的努力，将贵州大数据综合试验区建设成为全国数据汇聚应用新高地、综合治理示范区、产业发展聚集区、创业创新首选地、政策创新先行区。2016 年 3 月 17 日，《中华人民共和国国民经济和社会发展第十三个五年规划纲要》发布，其中第二十七章《实施国家大数据战略》提出：把大数据作为基础性战略资源，全面实施促进大数据发展行动，加快推动数据资源共享开放和开发应用，助力产业转型升级和社会治理创新。具体包括：加快政府数据开放共享、促进大数据产业健康发展。国家逐步加大了对自主数据库产品的支持，日益重视数据安全问题，尤其是国防军工、电子政务等关键行业，给国产数据库带来了一片蓝海市场。

扬州万方电子技术有限责任公司研制的新一代自主可控云计算大数据一体机基于自主申威高性能处理器设计，硬件系统由大数据计算结点、存储结点、管理结点、国产高性能交换机和智能机柜等部分组成，软件系统由自主研发的 WFCloud 云计算和数据库平台、WFFusion 虚拟资源调度平台等组成，从处理器硬件平台、操作系统内核、基础软件、中间件至应用软件，实现了全面国产化开发应用，是一款完全自主的国产大数据一体化处理系统。

基于大数据战略背景，打造自主可控的大数据资源网络刻不容缓，突破口在于深入实践网络强国和军民融合战略，全方位提升自主创新能力，积极构建安全可控的信息技术和生态体系，通过发掘大数据资源网络蕴含的新质生产力、文化力以及国防力，充分发挥大数据资源网络的强大生命力。

6.2　大数据技术架构

一般来说，我们将大数据整个链条区分为四个环节，包括数据采集传输、数据存储、数据计算和查询、数据可视化及分析。其中数据采集是将数据采集后缓存在某个地方，供后续的计算流程消费使用，数据传输是为处理实时数据提供一个统一、高吞吐、低延迟的平台。数据存储方面，有单机/分布式、关系型/非关系型、列式存储/行式存储三个维度的划分，各种维度交叉下都有对应的产品来解决某个场景下的需求。在数据量较小的情况下，一般采取单机数据库，如应用非常广泛、技术成熟的 MySQL。数据量大到一定程度后，就必须采取分布式系统。目前业界最知名的就是 Hadoop 系统，它基本可以作为大数据时代存储计算的经典模型。

6.2.1　Hadoop

Apache Hadoop 项目为可靠、可扩展的分布式计算开发开源软件。Apache Hadoop 软件库是一个框架，允许使用简单的编程模型跨计算机集群分布式处理大型数据集。它被设计成从单个服务器扩展到数千台机器，每台机器都提供本地计算和存储。该库本身的设计目的不是依靠硬件来提供高可用性，而是在应用层检测和处理故障，从而在计算机集群上提供高可用性服务，每个计算机集群都可能发生故障。该项目包括以下模块：Hadoop Common：支持其他 Hadoop 模块的公共实用程序。Hadoop 分布式文件系统(HDFS)：提供对应用程序数据的高吞吐量访问的分布式文件系统。Hadoop 纱线：作业调度和集群资源管理的框架。Hadoop MapReduce：用于并行处理大型数据集的基于纱线的系统。

6.2.2　HDFS

Hadoop 分布式文件系统(HDFS)是一个分布式文件系统，设计用于在商品硬件上运行。它与现有的分布式文件系统有许多相似之处。然而，与其他分布式文件系统的区别是显著的。HDFS 具有高度容错性，设计用于部署在低成本硬件上。HDFS 提供对应用程序数据的高吞吐量访问，适用于具有大型数据集的应用程序。HDFS 放宽了一些 POSIX 要求，以支持对文件系统数据的流式访问。HDFS 最初是作为 Apache Nutch web 搜索引擎项目的基础设施构建的。HDFS 现在是一个 Apache Hadoop 子项目。

HDFS 具有主/从体系结构。HDFS 集群由一个 NameNode 组成，它是一个主服务器，管理文件系统名称空间，并管理客户端对文件的访问。此外，还有许多数据结点，通常是集群中每个结点一个，它们管理连接到它们运行的结点的存储。HDFS 公开了一个文件系统名称空间，并允许用户数据存储在文件中。在内部，一个文件被分割成一个或多个块，这些块存储在一组数据结点中。NameNode 执行文件系统名称空间操作，如打开、关闭和重命名文件和目录。它还确定块到数据结点的映射。DataNodes 负责处理来自文件系统客户端的读写请求。DataNodes 还根据 NameNode 的指令执行块创建、删除和复制。项目 URL 为 https：//hadoop. apache. org/hdfs/。HDFS 体系结构如图 6-1 所示。

6.2.3　HBase

HBase 是一个分布式的、面向列的升源数据库，该技术来源于 Fay Chang 所撰写的 Google 论文《Bigtable：一个结构化数据的分布式存储系统》。就像 Bigtable 利用了 Google 文件系统(File System)所提供的分布式数据存储一样，HBase 在 Hadoop 之上提供了类似于 Bigtable 的能力。HBase 是 Apache 的 Hadoop 项目的子项目。HBase 不同于一般的关系数据库，它是一个适合于非结构化数据存储的数据库。另一个不同在于 HBase 是基于列的而不是基于行的模式。

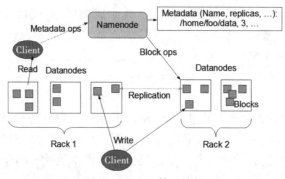

图 6-1　HDFS 体系结构

6.2.4　ZooKeeper

ZooKeeper 是一个分布式的，开放源码的分布式应用程序协调服务，是 Google 的 Chubby 一个开源的实现，是 Hadoop 和 Hbase 的重要组件。它是一个为分布式应用提供一致性服务的软件，提供的功能包括：配置维护、域名服务、分布式同步、组服务等。

ZooKeeper 的目标就是封装好复杂易出错的关键服务，将简单易用的接口和性能高效、功能稳定的系统提供给用户。ZooKeeper 包含一个简单的原语集，提供 Java 和 C 的接口。ZooKeeper 代码版本中，提供了分布式独享锁、选举、队列的接口，其中分布锁和队列有 Java 和 C 两个版本，选举只有 Java 版本。

ZooKeeper 的基本运转流程：①选举 Leader；②同步数据；③选举 Leader 过程中算法有很多，但要达到的选举标准是一致的；④Leader 要具有最高的执行 ID，类似 root 权限；⑤集群中大多数的机器得到响应并接受选出的 Leader。

6.2.5　Hive

Hive 是基于 Hadoop 的一个数据仓库工具，用来进行数据提取、转化、加载，这是一种可以存储、查询和分析存储在 Hadoop 中的大规模数据的机制。Hive 数据仓库工具能将结构化的数据文件映射为一张数据库表，并提供 SQL 查询功能，能将 SQL 语句转变成 MapReduce 任务来执行。Hive 的优点是学习成本低，可以通过类似 SQL 语句实现快速 MapReduce 统计，使 MapReduce 变得更加简单，而不必开发专门的 MapReduce 应用程序。Hive 十分适合对数据仓库进行统计分析。

6.2.6　Spark

Spark 是专为大规模数据处理而设计的快速通用的计算引擎。Spark 是 UC Berkeley AMP lab（加州大学伯克利分校的 AMP 实验室）所开源的类 Hadoop MapReduce 的通用并行框架。Spark 拥有 Hadoop MapReduce 所具有的优点；但不同于 MapReduce 的是，Job 中间输出结果可以保存在内存中，从而不再需要读写 HDFS，因此 Spark 能更好地适用于数据挖掘与机器学习等需要迭代的 MapReduce 的算法。

Spark 是一种与 Hadoop 相似的开源集群计算环境,但是两者之间还存在一些不同之处,这些有用的不同之处使 Spark 在某些工作负载方面表现得更加优越,换句话说,Spark 启用了内存分布数据集,除了能够提供交互式查询外,它还可以优化迭代工作负载。

6.3 国产大数据平台

据统计,90%的大数据产品并没有从用户需求出发,没有解决用户痛点,而是闭门造车、臆想出来的用户需求,而这些产品可能已经先入为主,导致真正的大数据产品的推广出现困难。主要原因有两点:第一,一些大数据产品变现率低,并不能产生经济价值。一些大数据产品只是拿出了数据分析的表面结果,但并没有将结果和自己的产品结合推广。例如通过数据分析发现每一年高考相关话题曝光量极大,人们对高考话题的情绪表现偏正面,但只有通过把数据结果用于市场决策,比如设计营销和运营方案推广企业产品学习生产力平板,才能真正让数据产品产生经济效益。第二,很多传统企业企图进行数字化转型升级,但实际技术能力达不到要求。大部分传统企业和中小型企业并不能支撑大数据需求,只是借助"数据热"吸取流量。但是下列大数据产品真正贴合了用户需求而生。

6.3.1 华为云 FusionInsight

华为云 FusionInsight 基于 Lakehouse 湖仓一体架构,实现了存算分离,使一份数据能够支持多种处理分析,让一个架构能够同时支持 SQL、BI 和 AI,它以海量数据处理引擎和数据处理引擎为核心,针对金融行业、电子商务行业、运营商等各界数据密集型企业的运行维护、应用开发等需求,为企业提供了更多数据自主权,配置了安全高效的技术架构,并提供了极具性价比的服务产品,为企业数字型升级赋能。华为云 FusionInsight 主要提供了云原生数据湖 MRS、数据湖探索 DLI、云数据仓库 GaussDB(DWS)等一系列大数据计算、可视化、搜索与分析、应用等产品。占据大数据平台市场份额的第一位,并且2021 年获得中国大数据最佳解决方案奖,同时与国家级大数据实验室进行合作,探索建立时序数据库,产品华为云 GaussDB(DWS)蝉联数据仓库领域年度"金沙奖"最佳产品奖。

6.3.2 阿里数加

数加是阿里云为企业大数据实施提供的一套完整的一站式大数据解决方案,覆盖了企业数仓、商业智能、机器学习、数据可视化等领域,可以提供大数据基础服务,解决数据的存、通、用问题;支持大数据分析及展现,用数据诊断业务发展,追踪运营效率和转化率;创新性发展机器学习 PAI,以超高性价比实现业务智能化,帮助企业从 BI 时代跨入 AI 时代;进一步推出人工智能应用,如语音识别与合成、人机对话、人脸识别、印刷文字识别等功能;补充了很多大数据应用功能,利用推荐引擎、营销引擎、公众趋势分析、企业图谱等功能实时倾听用户之声,深度挖掘用户需求,助力企业推出更优质产品。

阿里数加 MaxCompute(原 ODPS)是数加底层的计算引擎,可以从两个维度来看它的引擎性能,第一是 6 小时处理 100PB 数据的速度,第二就是是否支持多集群联合计算和单集群支持的规模。阿里数加大数据计算能够将现有数据通过可视化工具进行多方向的数据处理和分析、展现,图形展示美观,客户好评颇丰,但需要捆绑阿里云才能够使用,部分功能体验感一般,并且需要有一定的知识基础才能够流畅使用。

6.3.3 Smartbi

Smartbi 自 2000 年开始从银行客户发家,当时的主要是东南融通的 BI 事业部,后通过客户需求进行产品沉淀,有将近二十年的历史。由于是从 BI 项目起源,Smartbi 对于企业整体数据分析规划经验丰富。智分析是由思迈特软件公司开发的云端 SaaS 数据分析平台,与阿里云一样,主要功能是云处理能力,也是专业的具有超强数据计算能力的大数据分析平台。智分析支持的数据库端口达到数十种,支持与多种大型数据库的连接,无论是关系型数据库还是非关系型数据库,智分析都可以无缝顺滑连接。Smartbi 可以根据不同的使用场景和人给出个性化的数据处理方法,对数据处理的理解比较深刻,还有数据集的统一管理,支持血缘分析、影响性分析等功能,提供了以运营数据为目的的数据管理模式。Smartbi 的产品广泛应用于各行各业比如 KPI 监控看板、财务分析、市场分析、生产分析、供应链分析、风险分析、客户细分、精准营销等管理领域,为企业提供指标的量化管理,让业务目标变得可描述、可度量、可拆解。近年来,Smartbi 与华为云进行了全方位领域的合作。

Smartbi 积极参与了华为云鲲鹏凌云伙伴计划、华为云解决方案伙伴计划,为双方之后的深度合作打下了良好的基础。最近,Smartbi Insight、Smartbi Cloud 智分析大数据分析云平台以及 Smartbi 配套人工服务均已成功入驻华为云严选商城,两者在产品、解决方案、服务、生态等全方位领域开展战略性合作。两家大数据平台巨头的合作,预示着集合华为云严选商城的良好生态环境和思迈特软件独有的一站式商业智能平台和 BI 解决方案,将不断开拓大数据 BI 新未来。

6.4 大数据应用

随着 ICT(信息、通信、技术)的快速发展,大数据应用越来越广泛,涉及衣食住行等各个行业,与人民的生活、工作、娱乐、旅游等息息相关,在为人民提供便利的同时也为企业创造了更多的价值和收入,大数据追踪在疫情防控方面起了非常重要的作用。

6.4.1 政务大数据

政务大数据,即通过大数据技术将政务相关的数据整合起来应用在政府业务领域,赋能政府机构,提升政务实施效能。这些数据包含了政府开展工作产生、采集以及因管理服务需求而采集的外部大数据,为政府自有和面向政府的大数据。

政务大数据包括行政机关工作人员的行为数据、政府部门业务数据、文件数据、互联网数据、运营商线路数据。主要应用场景能够实现信息透明和共享,对公共部门绩效评估数据化,增强不同部门之间的竞争,提高政府部门办事效率,提升服务质量,降低政府成本,公共服务更加具有针对性,提供多元个性化服务,减少服务等待时间,提供更加精细化服务，利用大数据能够治理交通拥堵、雾霾、空气污染，优化教育资源配置，解决看病难等群众急难愁盼问题。政务大数据中心整体架构如图6-2所示。

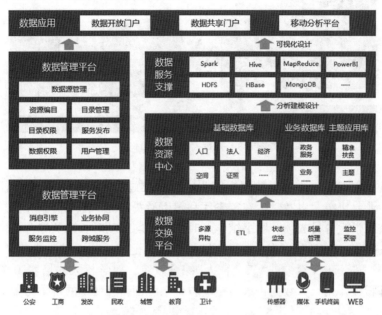

图 6-2 政务大数据中心整体架构

政务大数据中心系统为"互联网+政务服务"一体化平台的业务系统提供资源库管理、元数据管理、数据共享管理、数据监控、数据分析等应用。包括数据中心资源库的统计报表、数据中心通过各种采集手段采集的各层级和部门数据的采集情况、支持的其他系统对数据中心数据的调用情况以及数据中心基础设施运行的监控情况等。政务大数据能够为公民提供更加准确、及时和便利的日常生活服务，提升政府部门协同共享，提升管理决策水平。

6.4.2　教育大数据

教育伴随着每一个人的终身成长，通过教育获取的知识能够改变命运，利用好大数据技术能够让教育受众更广、教学方式更多样、教学内容更丰富。可以预见，在不久的将来，个性化学习终端会根据学生的需要和兴趣爱好推荐不同的学习资源，让终身学习成为一种可能和习惯。

教育大数据的定义包含以下三层含义：第一层含义，教育大数据是教育领域的大数据，是面向特定教育主题的多类型、多维度、多形态的数据集合；第二层含义，教育大数据是面向教育全过程的数据，通过数据挖掘和学习分析支持教育决策和个性化学习；第三层含义，教育大数据是一种分布式计算架构方式，通过数据共享的各种支持技术达到共建共享的思想。教育大数据架构体系示意图如6-3所示。

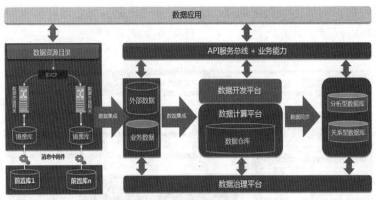

图 6-3 教育大数据架构体系

例如，许昌学院学业评价大数据能够为学生精准画像，在大屏上实时显示在校生人数、院系、专业、班级，以及学生在校餐厅和超市消费情况、图书借阅等信息；输入学生学号，马上查询学生各科成绩、图书馆学习时长、日均运动时长以及综合评价等情况。借助大数据相关技术，对学生的学业进行全过程全方位记录、分析和评估，聚合育人资源、创新育人机制，进一步探索推进"三全育人"综合改革，对学校人才培养工作和学生自身全面发展发挥积极作用。大数据正成为推动教育系统创新与变革的科学力量。

6.4.3 气象大数据

有人说，在"大数据时代"概念出现前，最名副其实的大数据应该数气象数据。气象数据一贯以庞杂众多数据量大而著称，但无论气象数据多么复杂，总体可以分为两类：一类数据被称为"实况数据"，另一类被称为"模式数据"。实况数据属于"一般过去时数据"，来自不同的观测设备。采集实况数据的气象站点遍布全球，观测范围从几千米的高空到地面，观测手段从高科技的雷达卫星到最原始的人工观测，这些数据的采集都是为了更真实地反映地球外围大气圈的运动变化。模式数据是由高性能计算机根据当前天气实况数据(包括地面、高空、卫星等)通过物理方程计算得出的。可以简单形象地认为，有这样一套庞大的计算天气预报的程序，输入当前已知的天气现象，就可以输出未来还没有发生的天气现象。计算出的天气预报结果通常以规则的等经纬度网格来表示，网格上的每一个点代表这个经纬度上未来某时刻某个物理量(比如温度)的数值。气象大数据制图模板流程如图 6-4 所示。

6.4.4 农业大数据

农业大数据是融合了农业地域性、季节性、多样性、周期性等自身特征后产生的来源广泛、类型多样、结构复杂、具有潜在价值，并难以应用通常方法处理和分析的数据集合。农业大数据保留了大数据自身具有的规模巨大(volume)、类型多样(variety)、价值密度低(value)、处理速度快(velocity)、精确度高(veracity)和复杂度高(complexity)等基本特征，使农业内部的信息流得到了延展和深化。图 6-5 为农业大数据处理平台示意图。

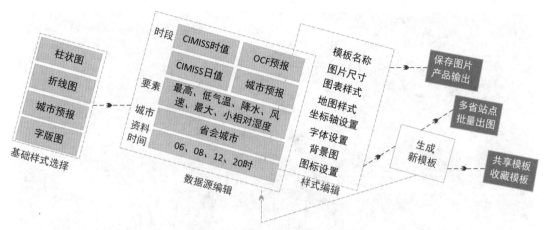

图 6-4　气象大数据制图模板流程

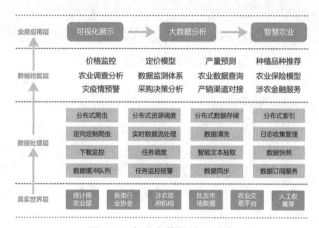

图 6-5　农业大数据处理平台

例如，苹果产业大数据分析平台包括中国苹果产量分布图、鲜苹果贸易流向图、中国苹果产业在世界的地位、全球苹果主产国产量占比、苹果消费变化趋势、苹果供需及库存形势、主要替代品批发市场调度成交量、主要替代品产量变化趋势、苹果主产国生产效率、主要国家人均苹果消费量、苹果主产区红富士价格、苹果库存分布情况、苹果价格预警、主要替代品全国价格变化趋势等功能模块，能够实时反映苹果产业的生产、消费趋势。苹果产业大数据分析平台如图 6-6 所示。

6.4.5　交通大数据

随着智慧交通系统的出现，交通大数据已经成为基础性资源，并应用于物流、保险、金融等多个领域，交通大数据内容丰富，结构复杂，具备多源异构的特点，在数据资源中占有举足轻重的作用和地位。交通大数据是所有服务于交通管理数据的统称，种类丰富，包括车辆大数据、高速大数据、运政大数据、ETC 大数据等。

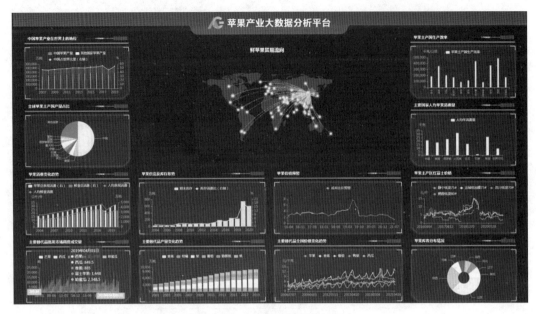

图 6-6　苹果产业大数据分析平台

高速公路大数据的开放是最全面的，目前已开放的国有高速公路大数据覆盖全国范围逾 13 万公里高速公路网络(西藏、海南除外)，超过 20000 个高速公路出入口站点实时采集车辆通行数据。从 2017 年 6 月 1 日起，包括客货共计超过 1.93 亿辆车产生的 188.3 亿条高速公路行驶记录，其中客车超过 1.82 亿辆，货车超过 3700 万辆，活跃货车超过 1204 万辆，包括里程、载重、通行时间、站点、频次等多个重要因子，是目前全国范围车辆数据覆盖最全的国有交通大数据。①

车辆大数据是国家部委直接对外开放的，在细粒度、更新、覆盖面、连续性、信息丰富度方面，比从 4S 店、主机厂得到的数据要更加全面。

ETC 数据主要是车辆通行费支付行为，目前应用场景比较窄，主要应用在物流金融领域，帮助金融机构在针对司机发卡时候可以做评估。

运力大数据是指通过车牌号获取货车在指定月份的累计上路时长在当月所有高速公路行驶的同车型货车上路时长的排名占比，百分比越高，该车辆排名越靠前，说明上路时长越多；同时给出该指数同比及环比的变化趋势。

运政大数据对外开放的是道路运输许可证核验、企业道路运输经营许可证核验、道路运输从业人员资格证核验、企业运力评估核验这四大类数据。图 6-7 所示是交通大数据总体系统构架示意图。

---

①　数据来源：运联智库，2022 中国公路运力发展数据白皮书，网址：https://www.xdyunbao.com/doc/7x92qkhrfu？bd_vid=100769282968829760382。

图 6-7 交通大数据总体系统构架

6.4.6 电力大数据

电力大数据分析平台可帮助客户实现电力行业海量数据的存储、计算和分析应用，支撑电力业务领域的数据建模、数据分析、数据挖掘，充分发现和利用数据价值，更好地为电力企业和电力用户服务。

电力大数据征信平台包括数据采集、业务建模、数据挖掘展示、信用报告生成等，采用前沿的大数据技术，结构设计符合 Hadoop 架构，支持结构化、非结构化数据。平台的主要功能为智能检索、数据分析、信用报告生成等。其核心特点是以电力、电费、电量数据为核心，分析电费、电量正常和异常变化因素，从海量数据中进行数据抽取、加工、转换，采用因子分析、聚类分析、正态分布、权重分析等科学分析方法，通过复杂的计算构建包含欠费、缴费、用户用电行为的关键指标的用户信用模型，对用户进行用户信用评分评级，并生成用户信用报告。

售电量大数据预测平台拥有 30 多种售电量预测算法和模型，除了典型的时间序列法、周期系数法、三次指数平滑、灰色预测法、自回归差分移动平均法、节假日分析预测法等算法外，同时还有多种具有电量预测专用算法和模型。采用基于机器学习算法，预测模型根据历史数据和未来变化趋势不断地自我完善和修正，动态调整预测的算法参数，实现自我进化。对售电量的异常数据、错误数据按照用电规律和趋势进行数据自动修复，同时可提供天气、区域经济指标、企业工商等外部数据源。平台对单用户实时预测 3 秒内完成，用电量预测准确率达到 97% 以上。

参考文献

[1]维克托·迈尔-舍恩伯格，肯尼思·库克耶，Viktor Mayer-Schonberger，等．大数据时

代：生活、工作与思维的大变革[M]. 杭州：浙江人民出版社，2013.

[2]孟小峰，慈祥. 大数据管理：概念、技术与挑战[J]. 计算机研究与发展，2013，50（1）：24.

[3]涂子沛. 大数据：正在到来的数据革命，以及它如何改变政府，商业与我们的生活[M]. 桂林：广西师范大学出版社，2013.

[4]Bill Franks，黄海. 驾驭大数据[M]. 北京：人民邮电出版社，2013.

[5]韩晶. 大数据服务若干关键技术研究[D]. 北京：北京邮电大学，2013.

[6]程学旗，靳小龙，王元卓，等. 大数据系统和分析技术综述[J]. 软件学报，2014，25（9）：20.

[7]王珊，王会举，覃雄派，等. 架构大数据：挑战、现状与展望[J]. 计算机学报，2011，34（10）：12.

[8]李文莲，夏健明. 基于"大数据"的商业模式创新[J]. 中国工业经济，2013（5）：13.

[9]徐鹏，王以宁，刘艳华，等. 大数据视角分析学习变革——美国《通过教育数据挖掘和学习分析促进教与学》报告解读及启示[J]. 远程教育杂志，2013.

[10]王伟. 大数据分析——RDBMS 与 MapReduce 的竞争与共生[J]. 计算机光盘软件与应用，2013，23（1）：55-56.

[11]张引，陈敏，廖小飞. 大数据应用的现状与展望[J]. 计算机研究与发展，2013（S2）：18.

[12]姜强，赵蔚，王朋娇，等. 基于大数据的个性化自适应在线学习分析模型及实现[J]. 中国电化教育，2015（1）：8.

[13]于施洋，王建冬，童楠楠. 国内外政务大数据应用发展述评：方向与问题[J]. 电子政务，2016（1）：9.

[14]李京春. 新形势下的电子政务大数据体系架构[J]. 信息安全与通信保密，2016（6）：1.

[15]杨现民，唐斯斯，李冀红. 发展教育大数据：内涵，价值和挑战[J]. 现代远程教育研究，2016（1）：12.

[16]孙洪涛，郑勤华. 教育大数据的核心技术，应用现状与发展趋势[J]. 远程教育杂志，2016，34（5）：9.

[17]王娟，陈世超，王林丽，等. 基于 CiteSpace 的教育大数据研究热点与趋势分析[J]. 现代教育技术，2016，26（2）：9.

[18]汪惜今. 浅析气象大数据的未来应用服务趋势[J]. 信息通信，2017（4）：2.

[19]LI Tao，FENG Zhongke，SUN Sufen，等. 基于 Hadoop 的气象大数据分析 GIS 平台设计与试验[J]. 农业机械学报，2019，50（1）：9.

[20]沈文海. 再析气象大数据及其应用[J]. 中国信息化，2016（1）：12.

[21]许世卫. 农业大数据与农产品监测预警[J]. 中国农业科技导报，2014（5）：7.

[22]孟祥宝，谢秋波，刘海峰，等. 农业大数据应用体系架构和平台建设[J]. 广东农业科学，2014，41（014）：173-178.

[23]王文生，郭雷风. 农业大数据及其应用展望[J]. 江苏农业科学，2015.

［24］熊刚，董西松，朱凤华，等．城市交通大数据技术及智能应用系统［J］．大数据，2015(4)：16.

［25］姬倩倩．公共交通大数据平台架构研究［J］．电子科技，2015(20)：127-130.

［26］何承，朱扬勇．城市交通大数据［M］．上海：上海科学技术出版社，2015.

［27］赖征田．电力大数据［M］．北京：机械工业出版社，2016.

［28］薛禹胜，赖业宁．大能源思维与大数据思维的融合(一)大数据与电力大数据［J］．电力系统自动化，2016，40(1)：8.

［29］闫龙川，李雅西，李斌臣，等．电力大数据面临的机遇与挑战［J］．电力信息与通信技术，2013，11(004)：1-4.

［30］郝树魁．Hadoop HDFS 和 MapReduce 架构浅析［J］．邮电设计技术，2012(7)：6.

［31］Thusoo A，Sarma J S，Jain N，et al. Hive：a warehousing solution over a map-reduce framework［J］. Proceedings of the Vldb Endowment，2009，2(2)：1626-1629.

［32］Hunt P，Konar M，Grid Y.，et al. ZooKeeper：Wait-free Coordination for Internet-scale Systems［C］// USENIX Annual Technical Conference. USENIX Association，2010.

第7章　基于国产自主可控的物联网技术(5G)

☞ **学习目标**：了解物联网技术的基本概念、关键技术和应用，了解国产可控物联网技术的发展现状和趋势。

☞ **学习重点**：物联网挂机技术和应用。

自 20 世纪 90 年代提出物联网概念以来，物联网受到越来越多的关注。物联网(Internet of Things，IoT)是在互联网的基础上，利用无线传感、网络、计算机等技术构建一个万事万物连接的网络。目前美国、欧盟、日本等各国都十分重视物联网技术，与国际相比，我国物联网技术的启动和发展并不晚。但是，目前我国核心控制系统和设备超过70%来自国外厂家，严重依赖进口。工控设备"后门"广泛存在，这大大增加了安全风险。因此，发展基于国产自主可控的物联网技术就显得尤为重要。

7.1　物联网概述

物联网是互联网的延伸，它利用局部网络或互联网等通信技术把传感器、控制器、机器、人员和物等通过新的方式连在一起，形成人与物、物与物相连，实现信息化和远程管理控制。具体定义为：

物联网是指通过各种信息传感器、射频识别技术、全球定位系统、红外感应器、激光扫描器等各种装置与技术，实时采集任何需要监控、连接、互动的物体或过程，采集其声、光、热、电、力学、化学、生物、位置等各种需要的信息，通过各类可能的网络接入，实现物与物、物与人的泛在连接，实现对物品和过程的智能化感知、识别和管理。简而言之，物联网是一个物物相连的网络，一个基于互联网和传统电信网等的信息承载体，它让所有能够被独立寻址的普通物理对象形成互联互通的网络。

7.2　物联网关键技术

从技术架构上物联网分为四层：感知层、网络层、处理层和应用层。物联网是通过为物体加装二维码、RFID 标签、传感器等，就可以实现物体身份唯一标识和各种信息的采集，再结合各种类型网络连接，实现人和物、物和物之间的信息交换。因此，物联网中的关键技术包括识别和感知技术(二维码、RFID、传感器等)、网络与通信技术、数据挖掘与融合技术等。

96

1. 识别和感知技术

二维码是物联网中一种很重要的自动识别技术，是在一维条码基础上扩展出来的条码技术。二维码包括堆叠式/行排式二维码和矩阵式二维码，后者较为常见。矩阵式二维码在一个矩形空间中通过黑、白像素在矩阵中的不同分布进行编码。在矩阵相应元素位置上，用点(方点、圆点或其他形状)的出现表示二进制"1"，点的不出现表示二进制的"0"，点的排列组合确定了矩阵式二维条码所代表的意义。二维码具有信息容量大、编码范围广、容错能力强、译码可靠性高、成本低易制作等良好特性，已经得到了广泛应用。

RFID(Radio Frequency Identification)技术用于静止或移动物体的无接触自动识别，具有全天候、无接触、可同时实现多个物体自动识别等特点。RFID 技术在生产和生活中得到了广泛的应用，大大推动了物联网的发展，我们平时使用的公交卡、门禁卡、校园卡等都嵌入了 RFID 芯片，可以实现迅速、便捷的数据交换。从结构上讲，RFID 是一种简单的无线通信系统，由 RFID 读写器和 RFID 标签两个部分组成。RFID 标签是由天线、耦合元件、芯片组成的，是一个能够传输信息、回复信息的电子模块。RFID 读写器用来读取(或者有时也可以写入)RFID 标签中的信息。RFID 使用 RFID 读写器及可附着于目标物的 RFID 标签，利用频率信号将信息由 RFID 标签传送至 RFID 读写器。以公交卡为例，市民持有的公交卡就是一个 RFID 标签，公交车上安装的刷卡设备就是 RFID 读写器，当我们执行刷卡动作时，就完成了一次 RFID 标签和 RFID 读写器之间的非接触式通信和数据交换。

传感器是一种能感受规定的被测量件并按照一定的规律(数学函数法则)转换成可用信号的器件或装置，具有微型化、数字化、智能化、网络化等特点。人类需要借助耳朵、鼻子、眼睛等感觉器官感受外部物理世界，类似地，物联网也需要借助传感器实现对物理世界的感知。物联网中常见的传感器类型有光敏传感器、声敏传感器、气敏传感器、化学传感器、压敏传感器、温敏传感器、流体传感器等，可以用来模仿人类的视觉、听觉、嗅觉、味觉和触觉。

2. 网络与通信技术

物联网中的网络与通信技术包括短距离无线通信技术和远程通信技术。短距离无线通信技术包括 Zigbee、NFC、蓝牙、Wi-Fi、RFID 等。远程通信技术包括互联网、2G/3G/4G 移动通信网络、卫星通信网络等。

3. 数据挖掘与融合技术

物联网中存在大量数据来源、各种异构网络和不同类型系统，如此大量的不同类型数据，如何实现有效整合、处理和挖掘，是物联网处理层需要解决的关键技术问题。云计算和大数据技术的出现，为物联网数据存储、处理和分析提供了强大的技术支撑，海量物联网数据可以借助庞大的云计算基础设施实现低价存储，利用大数据技术实现快速处理和分析，满足各种实际应用需求。未来网络要适应与实体经济的深度融合，需要做到"智能、柔性、可定制"，可定制的载体就是 5G 工业互联网。

4. 物联网与 5G 技术的融合

在江苏，有很多 5G 融合工业物联网的案例。江苏省国信集团运用工业互联网构建了"江苏国信智慧能源信息化平台"。依托 5G 通信技术，目前接入了 15 家电厂、700 个部门、8000 个用户、1400 多万装机容量。该平台通过物联设备实现安全风险分级管控、预警预测，动态呈现安全状况，成功实现国产自主可控。南京雨花物流基地的苏宁云仓开发了 5G 融合工业物联网平台，24 小时全天营业，有效减少人力成本，实现商品进出库调配、货物自动存储与移动、卸货、拣选、包装、分拣、装车物流全环节的无人化。该项目把依赖人力的物流行业从劳动密集型向技术密集型转变，实现科技驱动的新物流时代。无锡物联网创新促进中心实现了交通领域的 5G 和物联网融合。参观者坐进远程虚拟座舱里，通过屏幕可实时观看车辆前方路况。驾驶人操作虚拟座舱里的方向盘等设备，通过 5G 网络将转向、加油门、踩刹车等信号迅速传输给车辆，远程遥控汽车驾驶。江苏已有苏州高铁新城智能网联汽车先导区和无锡车联网先导区多个应用场景，具备车路协同、高精度定位等核心能力，提升自动驾驶安全保障。无锡车联网先导区核心应用区在每个路口部署了双模 RSU 设备，升级了交通标识标牌，司机通过智能后视镜实时获取所在路段前方路口的红绿灯信息、拥堵信息、周边车辆信息，同时通过 V2X 系统可以了解车辆与路口的距离，给出直行通过前方路口的建议时速。

　　以上项目实现了 5G 启动万物智联，构建人与设备的万能网络。

　　5G 硬件的高速配备已经启动万物智联的按钮，以智能门锁、空调、热水器为代表的智能家居产品已走进千家万户。遇到水龙头漏水和天然气管道漏气时，手机上可即时收到提醒，系统还可联动机械手关闭阀门，保证厨卫安全环境。南京物联传感技术有限公司研制的智能厨卫系统已在新建小区内广泛使用，通过在阀门上设置低能耗物联网传感器，只需较低的成本，就能实现长期的安全预警。

　　交通、楼宇、能源与安防等方面的相互融合，通过整体的互联解决方案，已经能实现人和手机等设备的互联，构建了智慧城市一体化解决方案。江苏远景智能物联网全球创新中心实现了智能楼宇，楼宇内安装着二氧化碳、温度、暖通等各类传感器，使得楼内暖通系统、制冷系统、照明系统等都有实时监测和智能调控功能。以制冷系统为例，大楼多是中央空调设定温度，对于周围天气环境的变化无法监测调整，而通过传感器监测天气情况，让楼宇"知道"过会儿要下雨，调整中央空调温度，减少大功率工作，一年下来可以节省不少电能。

　　不过，万物智联也是一把"双刃剑"。物联网发展走到十字路口，面临着各种新挑战，万物智联也引发隐私泄密的安全担忧。欧洲物联网理事会创始人罗布·范·克拉内堡曾表示，一方面是一些技术与创新并没有提供有意义的服务，另一方面，创新的商业模式在安全、隐私、融资等方面不透明，难以让人放心。随着 5G 与物联网的深度融合，连入网络的实体正在发生变化——可以是人，也可能是无人驾驶的汽车、家用电器，这就需要创新监管模式。

7.3　物联网应用

　　物联网已经广泛应用于智能交通、智慧医疗、智能家居、环保监测、智能安防、智能物流、智能电网、智慧农业、智能工业等领域，对国民经济与社会发展起到了重要的推动作用。

智能交通：利用 RFID、摄像头、线圈、导航设备等物联网技术构建的智能交通系统，可以让人们随时随地通过智能手机、大屏幕、电子站牌等设备或设施，了解城市各条道路的交通状况、所有停车场的车位情况、每辆公交车的当前到达位置等信息，合理安排行程，提高出行效率。

智慧医疗：医生利用平板电脑、智能手机等手持设备，通过无线网络，可以随时连接访问各种诊疗仪器，实时掌握每个病人的各项生理指标数据，科学、合理地制定诊疗方案，甚至可以支持远程诊疗。

智能家居：利用物联网技术提升家居安全性、便利性、舒适性、艺术性，并实现环保节能的居住环境。例如，可以在工作单位通过智能手机远程开启家里的电饭煲、空调、门锁、监控、窗帘和电灯等，家里的窗帘和电灯也可以根据时间和光线变化自动开启和关闭。

环保监测：可以在重点区域放置监控摄像头或水质土壤成分检测仪器，相关数据可以实时传输到监控中心，出现问题时实时发出警报。

智能安防：采用红外线、监控摄像头、RFID 等物联网设备，实现小区出入口智能识别和控制、意外情况自动识别和报警、安保巡逻智能化管理等功能。

智能物流：利用集成智能化技术，使物流系统能模仿人的智能，具有思维、感知、学习、推理判断和自行解决物流中某些问题的能力（如选择最佳行车路线，选择最佳包裹装车方案），从而实现物流资源优化调度和有效配置，提升物流系统效率。

智能电网：通过智能电表，不仅可以免去抄表工的大量工作，还可以实时获得用户用电信息，提前预测用电高峰和低谷，为合理设计电力需求响应系统提供依据。

智慧农业：利用温湿度传感器和光线传感器，实时获得种植大棚内的农作物生长环境信息，远程控制大棚遮光板、通风口、喷水口的开启和关闭，让农作物始终处于最优生长环境，提高农作物产量和品质。

智能工业：将具有环境感知能力的各类终端、基于泛在技术的计算模式、移动通信技术等不断融入工业生产的各个环节，大幅提高制造效率，改善产品质量，降低产品成本和资源消耗，将传统工业提升到智能化的新阶段。

7.4 国产自主可控的操作系统和硬件

物联网市场碎片化严重，特别是随着 5G 的商用各类垂直行业应用百花齐放，定制化的需求激增，导致应用落地周期大幅度拉长。国内以前仅限于解决一些简单应用问题，现在则开始解决行业转型升级、产业各系统融合发展等问题。当前物联网问题需要一套系统整合感知层、网络层、信息层、应用层，推进物联网产业链的协同发展，将碎片化的市场聚集起来，物联网的发展才会更完善。

7.4.1 鸿蒙操作系统

华为鸿蒙系统基于微内核、面向 5G 物联网、面向全场景的分布式操作系统，创造一个超级虚拟终端互联的世界，将人、设备、场景有机地联系在一起，将消费者在全场景生活中接触的多种智能终端实现极速发现、极速连接、硬件互助、资源共享,用合适的设备提供场景体验,开源组件涉及工具、网络、文件数据、UI、框架、动画图形及音视频 7 大类。该操作系统能够应用到电脑、电视、手机、平板、工业自动化、智能穿戴、车机设备、无人驾驶等设备。鸿蒙系统能够实现智能硬件开发和硬件创新,并将创新融入华为全场景的大生态。软件和应用开发者不用考虑硬件的复杂性,使用封装的分布式技术,开发全场景新体验。

7.4.2　宏电公司的物联网智能系统和平台

2020 年 9 月 24 日,宏电以 20 多年物联网核心软硬技术能力为积累,基于十几年物联网行业客户需求,打造自主可控安全的物联网智能系统 OPENSDT 操作系统(简称 OSDT)和 Walle 物联网平台,打造了基于 IoT OS 和数据、业务中台所打造的开放智能物联网生态体系,为客户提供完整的物联网系统解决方案。依托协议、算法、功能、应用四大原力,赋能并联合生态伙伴,共建开放的智能生态体系。简化物联网应用开发过程,贴近客户真实使用场景,助力客户物联网业务快速落地。该物联网智能系统是一套自适应、自组织、自学习的系统,具备高稳定性、高性能、快速定制特性,支持容器部署,功能插件化、脚本化。无缝的支持 LINUX 的生态系统软件,支持硬件跨平台,并针对网络的性能进行了深度地优化。整个操作系统采用全组件化的模块设计,所有的组件均可自由装卸、自由扩展。在满足最小根据开放和使能不同的系统特性,可以快速开发出不同场景的产品,例如边缘工作站-边站、工控机 IPC、工业网关、智能路由器。OSDT 内部设计有 HAL 层,以屏蔽底层不同的硬件差异,支持不同硬件平台,使 App 与设备硬件完全隔离,能够轻松完成 App 在不同的设备之间迁移。同时,OSDT 支持丰富的网络功能,所有的网络均采用 UNC 进行控制,支持的网络包括向上连接的 5G-LTE、千兆以太网,向下连接的工业以太网、Wi-Fi 和 modbus。OSDT 采用 UNC 可以对这些网络进行创建、销毁、配置。针对边缘设备网络可靠性差的问题,OSDT 内部设计有智能链路,支持入网规则自动适应,自动根据网络环境切换入网规则,在具有多个网络链路的情况下,链路互为主备,在主链路失效时,备链路立即启用,保证网络不掉线。此外,OSDT 通过 MQTT 协议和 HMP 实现边缘设备与云的通信。其中,HMP 可以将任意事物抽象出一个三维数字模型,由属性服务事件组成,从而可以在云端对设备进行全方位、全生命周期的管理。

如果说 OSDT 是行业智慧控制大脑,那 Walle 物联网平台称得上是业务数据的中台,其管理包括工业设备、传感器、摄像头、网关等在内的多种物联网设备,是对设备相关数据进行智能化分析的快速业务定制平台,支持各种规则引擎,快速实现物联网化和数据采集、处理、应用,具有持续的集成能力,基于 Walle 物联网平台基础架构下,能满足不同发展阶段客户需求并快速开展平台二次开发、业务定制,致力于提升客户决策与掌控能力。宏电 Walle 物联网平台如图 7-1 所示。

宏电 Walle 物联网平台主要功能特点如下:①可接入海量的物理设备(各类传感器、控制器、工业设备、网关等),支持 100+类协议解析对接,实现设备在线状态监控、配置、故障告警、远程维护。②强大数据分析、管理服务能力:提供流处理、批处理、数据处理、流程自定义、数据联动、丰富的数据接口等数据服务,具备数据仓库、分析预防式

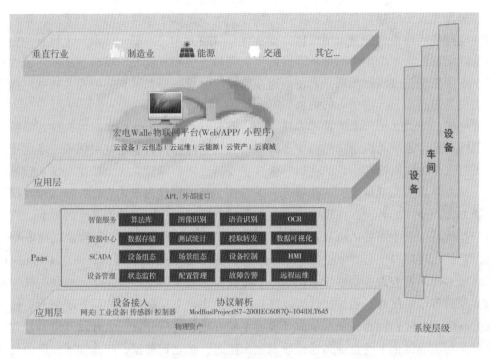

图 7-1　宏电 Walle 物联网平台

维护、目标检测等数据分析能力，可根据数据类型、统计属性、统计类型、统计维度来定制数据统计分析任务。③开放灵活的平台定制服务：提供开放的组态、开放大屏、开放数据服务的 API 调用接口和可编程接口，降低开发难度，提供业务颗粒的能力复用，方便客户应用扩展到生态链各个行业应用场景复制，广泛支持阿里云、亚马逊云、微软云、华为云、百度云、腾讯云等第三方平台接入。④多用户管理体系：支持创建普通用户、公有租户、私有租户、超级管理员等不同层级的用户体系管理，确保整体账户的安全性。⑤海量设备接入管理：可接入海量的物理设备（各类传感器、控制器、工业设备、网关等），支持 100+类协议解析对接，实现设备在线状态监控、配置、故障告警、远程维护。⑥强大的数据分析、管理服务能力：提供流处理、批处理、数据处理、流程自定义、数据联动、丰富的数据接口等数据服务，具备数据仓库、分析预防式维护、目标检测等数据分析能力，可根据数据类型、统计属性、统计类型、统计维度来定制数据统计分析任务。

7.5　海尔 UHomeOS

2017 年 9 月 15 日，海尔主导的"核高基重大专项——面向智能家电的物联网安全操作系统海尔 UHomeOS 启动会"在京举行。智能终端操作系统受垄断，中国 OS 真正的路在物联网时代。CPU 和 OS 是物联网发展的两大基础性核。在研发物联网智能终端操作系统方面，中国拥有无可比拟的优势：首先，中国拥有集中力量办大事的优势，国家提倡创新，企业在人工智能、大数据等领域发展迅猛，拥有足够的技术支撑，各领域纷纷发力，共同推进操作系统的建设；其次，中国市场体量大，足以支撑自己的生态系统。最后，中国在物联网发展与世界先进水平保持一致步伐，具备人才、市场、技术等优势，完全有可能在物联网操作系统应用中抓住物联网的发展契机，引领行业发展潮流，从跟跑者变成领跑者。中国要想打破国际垄断，真正的路在物联网时代，应发展自主可控的物联网操作系统，实现弯道超车，抢占国际话语权。

近年来，中国在操作系统领域取得了一定的成就，研发出一些自主可控操作系统，但是目前国产操作系统装机量仍然很少。海尔作为物联网时代智慧家庭引领者，本次主导国家核高基安全物联网操作系统的项目，未来主要研究内容涵盖：安全操作系统、云端协同框架、开发环境、标准规范、产业生态五大方面，旨在推进国产 OS 的产业化和规模化应用，助力传统企业的转型，实现中国自主可控的物联网智慧家庭操作系统的崛起，在全球信息产业领域加强中国的话语权。海尔 UHomeOS 是首个面向智能家电的物联网安全操作系统，它的出现填补了智慧家庭操作系统空白，是智慧家庭的加速器。海尔 UHomeOS 吸收了海尔多年的智能设备物联技术积累，具备高安全、全覆盖、生态化、软硬一体、通用性、富经验等核心优势，通过源代码、接口标准、用户交互标准、硬件资源平台、服务资源五大纬度的开放，完善多层次集成开发、系统开发、应用开发三大开发环境，搭建开发者社群，与产业链上下游企业共建智慧家庭大生态，赋能智慧家庭产业发展，助力传统企业转型，引爆物联网商业模式。同时，基于硬件模块融合大数据、人工智能等技术成果，实现家电从感知智能到认知智能的跨越，主动为用户提供个性化生态场景服务，创造最佳用户体验。作为面向智能家电的物联网安全操作系统，针对物联网安全问题突出的行业现状，海尔 UHomeOS 不断优化升级，打造安全一体化方案，解决从硬件→系统→生产→服务等十个结点的全生命周期中的安全可靠问题。海尔凭借多年的技术积累全力推动自主可控的物联网操作系统的规模化发展。

阿里的"达尔文"计划旨在通过一系列的包括平台、芯片和微基站在内的全链路生态服务，建设自有可控的物联网。为此，阿里云与 ASR 公司合作推出最小尺寸 LoRa 芯片。同时与广电系达成物联网深度合作，依托频谱资源、物联网全链路资源，快速、低成本地搭建物联网络。"把 LoRa 的网关放到了无人机上和飞艇上，在普通的地面基站上也可以架构 LoRa 基站，合作了一个室内的微基站，从而实现穿透地下两层的能力。"丁险峰表示，把基站放到飞艇上，能够解决非洲大草原和森林没有信号覆盖的问题。阿里是全球唯一打通全链路 LoRa 生态的云厂商，包括芯片、网关、物联网管理平台、应用提供商和第三方服务商等。阿里云还发布了 Link WAN 物联网络管理平台，该平台大概需要花费一万元的成本，一个小时之内就可以把覆盖一个小区的物联网络基站架起来。

在 2018 年 9 月 19 日杭州·云栖大会上，阿里云展示了这样的一个场景，现场物联网设备连接到大会上空悬停的飞艇上的 LoRa 物联网关后，一个菜鸟无人小车载着包裹，从地下 20 米的仓库，穿过会场，稳稳地来到等候在那里的用户面前。当他拆开包裹的一瞬间，主论坛数据大屏上立即显示"包裹被打开"。

参考文献

[1]王姝．我国首次提出自主可控的物联网编码国家标准《物联网标识体系 物品编码 Ecode》正式发布[J]．中国自动识别技术，2015(05)：34.

[2]南湘浩．基于实体鉴别和事件鉴别的自主可控虚拟网络(网信安全解决方案)[J]．通信技术，2017，50(03)：507-512.

[3]杨娜，王艺．强化科技支撑 让"国能智深"民族品牌屹立不倒——基于国产芯片的自主可控智能分散控制系统(iDCS)-EDPF-iDCS 成功投运[J]．中国电业，2021(09)：74-75.

[4]李文华．中国自主可控的第一款电力专用主控芯片"伏羲"[J]．电力设备管理，2021(07)：235.

[5]张瑾．国产芯片的自主可控与自主创新之路任重道远[J]．集成电路应用，2019，36(10)：4-6. DOI：10. 19339/j. issn. 1674-2583. 2019. 10. 002.

[6]核心基础芯片自主可控 FPGA[J]．国防科技工业，2015(07)：50.

[7]张逢飞．5G 时代物联网系统中精准定位技术的应用研究[J]．电子世界，2022(01)：93-95. DOI：10. 19353/j. cnki. dzsj. 2022. 01. 045.

[8]王明哲．5G 通信技术下物联网的发展趋势[J]．光源与照明，2021(12)：54-55，110.

[9]杨德清．物联网形势下 5G 通信技术应用分析[J]．中国新通信，2021，23(23)：16-17.

[10]陈菁，刘靖永，钱炜．基于 5G 和物联网的智慧农业大数据管理平台[J]．张江科技评论，2022(01)：71-73.

[11]刘超，徐志方，王方前，崔九梅，居文军．面向智能家居的物联网操作系统应用框架设计[J]．现代电子技术，2020，43(23)：143-145＋149. DOI：10. 16652/j. issn. 1004-373x. 2020. 23. 032.

[12]何小庆．3 种物联网操作系统分析与比较[J]．微纳电子与智能制造，2020，2(01)：65-72. DOI：10. 19816/j. cnki. 10-1594/tn. 2020. 01. 065.

[13]RT-Thread 4. 0 物联网操作系统[J]．电子产品世界，2018，25(11)：37.

[14]彭安妮，周威，贾岩，张玉清．物联网操作系统安全研究综述[J]．通信学报，2018，39(03)：22-34.

[15]王磊．基于 μTenux 嵌入式操作系统的物联网网关设计与实现[D]．大连：大连交通大学，2014.

第 8 章　基于国产自主可控的人工智能技术

☞ **学习目标**：了解人工智能的概念及发展，了解人工智能的技术和应用。
☞ **学习重点**：人工智能的定义，人工智能的技术架构。

8.1　人工智能概述

人工智能的概念是在 20 世纪 50 年代被提出的，在随后的几十年中，有关人工智能的研究经历了多次起伏，近年来随着机器学习算法，特别是深度学习算法在自然语言处理、计算机视觉领域的研究与应用取得了巨大成功，人工智能技术逐渐引起全社会各领域的关注，同时人们将目前发展起来的新技术称为新一代人工智能技术。新一代人工智能技术的崛起并不是偶然的，而是伴随着计算能力的提高、海量数据的积累以及深度学习为代表的机器学习算法的应用逐渐发展起来的。算法、算力、数据也被称为新一代人工智能技术的三要素，有了算力和数据的支撑，算法才能发挥出其巨大作用。

目前，人工智能正在引领新一轮科技革命，其技术正应用于各个传统领域，并将促使人类经济结构的重大变革，推动生产力的又一次飞跃发展。将来，越来越多枯燥、重复性和危险性的工作将由人工智能系统完成，对于这些工作，人工智能系统的完成效率会更高。人工智能还会在医疗、教育、环境保护、城市管理、灾害预测、社会安全等公共服务领域发挥更大作用，显著提升人类的生活水平。

8.1.1　人工智能的定义

人工智能的定义依赖于人们对智能的定义，目前关于智能的定义主要有三种观点：①思维理论认为：思维是智能的核心，通过对思维规律与思维方法的研究可望揭示智能的本质；②进化理论认为：对外界事物的感知能力、对动态环境的适应能力是智能的重要基础和组成部分；③知识阈值理论：智能行为取决于知识的数量及其一般化的程度，智能就是在巨大的知识空间中迅速找到一个满意解的能力。

根据对智能的理解，人们给人工智能的定义是：人工智能是利用数字计算机或者数字计算机控制的机器模拟、延伸和扩展人的智能，感知环境，获取知识并使用知识获得最佳结果的理论、方法、技术及应用系统。

8.1.2　人工智能的起源和发展

"人工智能"最早是在 1956 年的达特茅斯会议上被提出的，从此人工智能开始成为一个新的研究领域，参与这个会议的几位学者也被认为是人工智能领域的创始人。在此之前，1950 年阿兰·图灵(Alan Turing) 在论文《计算机器与智能》中提出了对人工智能的思考，并提出了测试机器智能的方法，后来人们称这个测试方法为图灵测试，如图 8-1 所示。图灵测试的方法是：在独立的房间中有一台计算机(回答者 A) 和一个人(回答者 B) 作为回答者，房间外有一个测试者，测试者提问，房间中的人和计算机分别对问题做出回答，如果房间外的测试者辨别不出来哪个回答是计算机，哪个回答是人，就断定这台计算机具有智能。

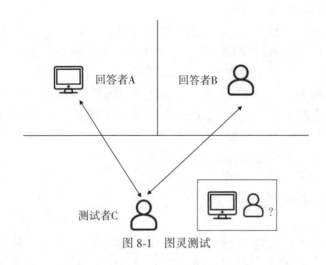

图 8-1　图灵测试

现在人们也认为"图灵测试"存在很多问题，比如没有规定问题的范围和提问的标准；测试只反映了结果的比较，没有涉及思维过程；测试完全被限定在符号层面，只能算是一个符号测试。但直到现在，仍然没有人能够提出一个被认可的对智能的测试，"图灵测试"仍具有很大的意义。

人工智能的发展可以分为 3 个阶段：

第一个阶段是从人工智能领域的诞生到 20 世纪 80 年代，在这个阶段中，研究基于逻辑推理的智能模拟方法是人工智能的主要研究方法，支持该研究方法的学者被称为符号主义学派。符号主义学派认为，人类认知和思维的基本单元是符号，而认知过程就是在符号表示上的一种运算。人和计算机可以被视为一个物理符号系统，人们可以通过计算机的符号操作来模拟人的认知过程，从而实现人工智能。

第二阶段是从 20 世纪 80 年代到 90 年代。这一阶段中，数学模型有了快速发展，基于专家系统的研究成为主流方法，但是受限于专家系统推理能力和获取知识的能力，关于人工智能的研究陷入低潮。

第三个阶段是从 21 世纪初至今。随着计算能力增强、大数据的积累以及新算法的提出，人工智能在计算机视觉、自然语言处理等许多领域都取得了巨大的突破，人工智能也进入发展的高潮阶段。当前的人工智能技术是以机器学习，特别是以深度学习为核心，从视觉、自然语言等方面的应用研究开始，并迅速扩展到其他多个领域，成为推动各个行业发展的一种变革性、普适性的技术。

当今的每个国家都高度重视人工智能的发展，美国是最早将人工智能发展上升到国家层面的国家，随后英国、德国、法国、日本相继在国家层面上制定了人工智能领域的发展规划，希望抓住当前人工智能技术带来发展的新机遇，进而在国际的科技竞争中处于主导地位。我国也在国家战略层面上规划人工智能技术的发展，我国从 2016 年就发布了《"互联网+"人工智能三年行动实施方案》，随后发布了《新一代人工智能发展规划》《促进新一代人工智能产业发展三年行动计划（2018—2020 年）》《2018 人工智能发展白皮书》等，这些文件涵盖在计算芯片、开源平台、基础应用、行业应用等方面的人工智能产业链的规划和布局（中国信息通信研究院，2018）。

麦肯锡公司统计的数据表明，人工智能每年能创造 3.5 万亿~3.8 万亿美元的商业价值，同时使得传统行业价值提升 60% 以上。近年来，人工智能技术发展非常迅速，同时在国家政策的引领下，在国际科技发展环境的影响下，我国人工智能市场规模越来越庞大，企业投资的热情高涨。为实现我国人工智能产业高质量发展，《中华人民共和国国民经济和社会发展第十四个五年规划和 2035 年远景目标纲要》中提出"发展算法推理训练场景，推动通用化和行业性人工智能开放平台建设"，并要求在人工智能的前沿基础理论、专用芯片、深度学习框架等前沿领域重点攻关。

8.2 人工智能的架构

人工智能的架构包括基础层、技术层及应用层，如图 8-2 所示。基础层则是计算能力和数据资源；技术层是算法、模型和技术开发；应用层聚焦于人工智能和各行业各领域的结合，下面对这三层进行介绍。

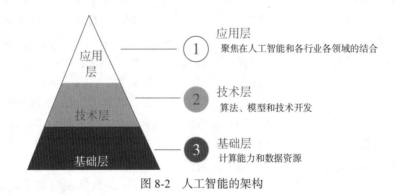

图 8-2　人工智能的架构

8.2.1 基础层

1. 基础层的发展现状

基础层一般由软件硬件设施、数据资源和服务组成，是支撑产业发展的基础。硬件设施主要提供基础计算能力，主要包括 CPU、GPU 芯片以及其他相关硬件，这里的算力不仅包含 CPU 和 GPU，还包括定制的计算芯片和基于定制芯片的服务器、服务器集群，以及相关的移动终端和类脑计算机等。在人工智能基础层中，芯片是最关键的硬件，同时芯片研发也是我国最薄弱的领域，国际上在芯片领域处于领先的公司有美国英特尔公司和英伟达公司。

软件设施主要包括开发编译环境、云平台和大数据支撑平台，如国外的谷歌大数据平台和国内的百度数据平台。数据服务包括提供通用数据服务和行业数据服务。在基础层中，芯片是基础层的关键，为人工智能技术提供基础算力。目前，在语音识别、视频解析等细分领域算力需求增长迅速，通用芯片在功耗和可靠性上无法满足一些场景应用。对此，很多公司研发出这些领域的专用芯片用于满足这些特殊要求，如我国的华为、中星微和寒武纪等公司研发的推理芯片可以满足自动驾驶、智能安防等应用领域。

数据服务层面，我国各个行业信息化程度高，积累了大量的数据。国家信息中心预测，我国到 2025 年将成为世界上数据资源最多的国家。借助于人工智能技术，从这些金融、市场营销等海量数据中找到客户需求和业务价值点，能够有效帮助企业提升业务能力。

2. 基础层的发展中的问题和挑战

目前在基础层中也存在一些问题，如传统硬件架构难以满足许多领域的应用，而面向不同应用场景特制的硬件又缺乏统一标准，兼容性差。另外，长期以来缺乏数据的采集、使用的规范，同时也缺乏保障数据安全的措施，这些都将成为制约人工智能技术应用的因素。

3. 发展趋势

不同的应用场景对芯片的要求不同，目前越来越多的芯片的研发和应用场景结合，逐渐形成对应的产业生态。另外，数据组织和利用越来越高效，早期应用主要是从数据资源中提取样本，如今越来越多的应用是从数据资源中提取大规模的多源异构数据。

8.2.2 技术层

1. 技术层的发展现状

技术层主要由基础框架、算法模型和通用技术组成。这里的基础框架包括分布式计算和分布式存储；算法模型主要有深度学习、机器学习等模型，这里算法模型是实现人工智能的关键技术手段。通用技术主要有计算机视觉、自然语言处理等领域的技术，国外著名的企业有谷歌、脸书、微软等，国内著名的企业有百度、商汤科技、科大讯飞等。为了方便使用，人们使用深度学习框架来封装算法模型，其中著名的有美国谷歌的 TensorFlow、Facebook 的 PyTorch 以及我国百度的飞桨(PaddlePaddle)。国内研发的深度学习框架，除了百度的飞桨以外，还有华为的 Mindspore、中科院计算机的 Seetaface 等。

2. 技术层的发展中的问题和挑战

算法上目前存在两个问题：一是泛化性差，人们使用人工智能模型在某个应用场景可以取得比较好的性能，但当训练场景和应用场景发生变化时，效果往往很差；二是目前在应用中模型训练易受到对抗样本的攻击，可能会使得模型的输出不正确。

在应用方面，TensorFlow、PyTorch 是通用型的深度学习框架，能够应用于自然语言处理、计算机视觉、语音处理等领域，以及机器翻译、智慧金融、智能医疗、自动驾驶等行业。各细分领域还涌现出大批专业型深度学习框架，如编写机器人软件的 ROS、应用于计算机视觉领域的 OpenCV、擅长自然语言处理的 NLTK，以及应用于增强现实的 ARToolKit 等。我国深度学习框架起步较晚，在算法、芯片、终端和场景应用方面都依赖国外的深度学习框架生态。

3. 发展趋势

（1）从感知智能迈向智能认知。人工智能发展阶段包括感知智能、认知智能、决策智能这四个阶段。随着科技的发展，人工智能正在迈向认知智能，即应用于复杂度高的场景中，通过多模态人工智能和大数据等技术，实现分析和决策。

（2）从专用智能向通用智能发展。专用智能具有领域局限性。通用人工智能减少了对特定领域知识的依赖性，提高处理任务的普适性，是人工智能未来的发展方向。

（3）通过开源构建生态。开源的深度学习框架为开发者提供了可以直接使用的算法工具，有效减少二次开发，提高效率。国内外巨头纷纷通过开源的方式推广深度学习框架，布局开源人工智能生态，抢占产业制高点。

8.2.3　应用层

1. 发展现状

一是应用场景深度融合。计算机视觉技术产业应用日趋多样化。目前，计算机视觉技术已经成功应用于公共安防等数十个领域。麦姆斯咨询的数据显示，预计到 2023 年，全球图像感知市场规模将达到 173.8 亿美元。同时，随着对话生成、语音识别算法性能的提升，智能语音的市场规模不断扩大。根据中商产业研究院的统计，2016—2019 年间，中国智能音箱的出货量增长了 17 倍。语音转写、声纹识别等语音技术产品已广泛应用于各行各业。

二是人工智能与实体经济融合发展。人工智能与传统产业的融合，不仅提高了产业发展的效率，而且可实现产业的升级换代，形成新业态，构建新型创新生态圈，催生新的经济增长点。人工智能在智能制造、智能家居、智能交通、智能医疗、教育、金融等领域的应用，呈现全方位爆发态势：①在智能制造方面，运营管理优化、预测性维护、制造过程物流优化均衡。②在智能家居领域，智能软件、智能平台、智能硬件等不同的环节，人工智能技术渗透程度较为均衡。但是，行业产品、平台类别众多，兼容性问题突出。③在智能交通领域，与基础设施、运输装备、运输服务、行业治理深度融合，赋能智能感知，提升智能交通的视觉感知能力，提供准确和及时的交通指标数据。④在智能医疗领域，赋能人工智能辅助诊断系统和设备、治疗与监护、管理与风险防控、智能疫情服务平台，提升医疗诊断效率，提高流程管理效率与准确性。⑤在教育领域，赋能教育服务平台、虚拟实验室和体验馆、教学效果分析和反馈，改善教育实施场景和供给水平，实现信息共享、数据融合、业务协同、智能服务，形成个性化、多元化互补的教育生态体系。⑥在金融领域，赋能金融风险控制、数据处理、网络安全等，推动金融产品、服务、管理等环节的新一轮变革。

2. 我国在人工智能技术层存在的问题和挑战

（1）行业发展不均衡特征突出。

我国人工智能领域，重应用、轻基础现象严重。一方面，人工智能专用芯片硬件技术起步晚，亟须完善相关的上下游产业链，建立行业应用事实标准。另一方面，对国外开源深度学习系统平台依赖度高，缺少类似的国产成熟的开源平台。在应用层面，发展结构性失衡仍然突出。由于行业监管和营利条件限制，人工智能行业的应用程度和发展前景存在显著差异。目前在金融、医疗、物流、安防等方面有较为广泛的应用，在零售、制造等传统领域的创新还需进一步拓展和突破。

（2）系统开发与维护费时低效。

一方面，实践落地中，商用的人工智能产品缺乏开发、运维的二次应用能力。另一方面，大型人工智能系统设计及实现中，从业者经验匮乏，迫使行业机构额外投入，支撑技术团队，阻碍智能技术的应用实践。智能应用场景通常需要云端协同智能处理能力，但云侧组件繁多、配置复杂，部署成本较高。

（3）人工智能伦理挑战。

一方面受历史条件和发展阶段限制，人类对人工智能产品的道德风险，存在认知滞后性；另一方面，人工智能产品缺少完善的伦理控制，同时被赋予更多的自主决策权，催生更多的伦理道德问题。

3. 我国人工智能在应用层的发展趋势

（1）发展势头相对趋稳。

近年来，人工智能方面的投资和融资更理性，新增企业数量趋缓。产业稳步增长，投资和融资事件数量相对减少，金额相对增加。产业更加看重底层基础设施建设、核心技术创新和上层应用赋能，产业链条更加明晰。随着我国政府大力支持和经济转型升级需求，人工智能产业链条关联性和协同性将进一步增强。

（2）与实体经济融合加速。

人工智能与实体经济实现加速融合，为零售、交通、医疗、制造业、金融等产业带来提效降费、转型升级的实际效能。无人商店、无人送货车、病例细胞筛查、数字孪生、智慧工厂、3D打印等新产品、新服务大量涌现，加速培育产业新动能，开拓实体经济新的增长点，有力推动我国经济结构优化升级。

我国人工智能市场潜力巨大，应用空间广阔，尤其是在数据规模和产品创新能力等方面占据优势。另外，5G技术商用后，人工智能与行业深度融合，并逐步向复杂场景深入，推动更多行业进入智能化阶段。

（3）政策红利日渐凸显。

2020年以来，人工智能先后出现在政府工作报告和党的二十大报告中。工业和信息化部发布了两批国家人工智能创新应用先导区名单；科技部支持苏州、长沙等地建设国家新一代人工智能创新发展试验区。2023年5月，北京、上海、深圳等地纷纷出台了推动人工智能产业发展的相关文件。三地人工智能政策的发布，有利于打造以人工智能为主的数字经济新生态，为各地的数字经济发展按下"加速键"。各地方结合自身优势和产业基础，积极布局人工智能发展规划，大力发展人工智能。未来，资本将更多地聚集在应用层细分领域的龙头企业，投资焦点将从应用层逐步下移，人工智能芯片和深度学习框架将获得资本市场的更多关注。

8.3 人工智能的关键技术

接下来对近年来人工智能领域的关键技术进行介绍，主要包括智能芯片、智能传感器、云计算、机器学习、语音识别、生物特征识别、计算机视觉、虚拟现实等。

8.3.1 智能芯片

智能芯片指的是针对人工智能算法做了特殊加速设计的芯片。智能芯片是支撑人工智能技术和产业发展的基础设施，具有非常重要的地位。目前，智能芯片基本以 GPU、FPGA(Field Programmable Gate Array，可编程阵列逻辑)、ASIC(Application Specific Integrated Circuit，专用集成电路)和类脑芯片为主，不同类型芯片各具优势，在不同领域组合应用，呈现多技术路径并行发展态势。中国在 CPU、GPU、DSP 处理器设计上一直处于追赶地位，绝大部分芯片设计企业依靠国外的 IP 核设计芯片，自主创新受到一定影响。目前国内人工智能芯片的发展呈现出百花齐放、百家争鸣的态势，大量的人工智能芯片创业公司成立，如地平线、深鉴科技、中科寒武纪等。人工智能芯片的应用领域广泛，遍布金融、零售、安防、早教机器人以及无人驾驶等众多领域(深圳市人工智能行业协会，2021)。我国在人工智能领域智能芯片生产企业的代表有华为海思、寒武纪、地平线等公司。

1. 华为海思

2018 年，华为海思发布了两颗人工智能芯片——昇腾 310 和昇腾 901。昇腾 310 是一款极致高效计算的低功耗芯片，昇腾 910 是一款超高算力的芯片。目前已有超过 100 家企业与华为海思合作，超过 20 家主流汽车企业和集成商在自动驾驶领域使用昇腾芯片。昇腾系列芯片已广泛应用于智能制造、智慧城市、智能能源、智能金融各个领域(深圳市人工智能行业协会，2021)。

2. 寒武纪

寒武纪成立于 2016 年，专注于人工智能芯片产品的研发与技术创新，致力于打造人工智能领域的核心处理器芯片。寒武纪发布的"思元 220"系列芯片是用于边缘计算的人工智能芯片，其中"MLU220"芯片是专用于深度学习的 SoC 边缘加速芯片。"MLU220"的功耗低、算力强，目前已在无人机、智能机器人、智慧工厂、智能零售等多个领域得到应用。

3. 地平线

地平线公司也专注于边缘人工智能芯片研发，2017 年地平线推出中国首款边缘人工智能芯片，2019 年地平线又先后推出中国首款车规级人工智能芯片——征程 2，以及新一代 AIoT 智能应用芯片——旭日 2。地平线目前已经流片量产了"旭日"和"征程"系列芯片。在智能驾驶领域，基于"征程"系列芯片，地平线目前已与包括奥迪、博世、长安、比亚迪、上汽、广汽等国内外知名汽车厂商合作，在 AIoT 领域，基于"旭日"系列边缘 AI 芯片，地平线已与多个国家级开发区、国内一线制造企业合作。

8.3.2　机器学习

机器学习(Machine Learning)是一门涉及统计学、系统辨识、逼近理论、神经网络、优化理论、计算机科学、脑科学等诸多领域的交叉学科，研究计算机怎样模拟或实现人类的学习行为，以获取新的知识或技能，重新组织已有的知识结构使之不断改善自身的性能，是人工智能技术的核心。基于数据的机器学习是现代智能技术中的重要方法之一，研究从观测数据(样本)出发寻找规律，利用这些规律对未来数据或无法观测的数据进行预测。近年来，机器学习也出现了少量的直接获取规律性的知识，并应用于实践的模式，特别是深度学习逐渐成为人工智能领域的研究热点和主流发展方向，极大地提升了图像分类技术、语音识别技术、机器翻译技术等其他相关技术能力。

1. 机器学习的分类

根据学习模式、学习方法以及算法的不同，机器学习存在不同的分类方法。根据学习方法可以将机器学习分为传统机器学习和深度学习；根据学习模式将机器学习分类为监督学习、无监督学习和强化学习等；此外，机器学习的常见算法还包括迁移学习、主动学习和演化学习等(中国电子技术标准化研究院，2018)。

1)传统机器学习

传统机器学习从一些观测(训练)样本出发，试图发现不能通过原理分析获得的规律，实现对未来数据行为或趋势的准确预测。相关算法包括逻辑回归、隐马尔可夫方法、支持向量机方法、K-近邻方法、三层人工神经网络方法、Adaboost算法、贝叶斯方法以及决策树方法等。传统机器学习平衡了学习结果的有效性与学习模型的可解释性，为解决有限样本的学习问题提供了一种框架，主要用于有限样本情况下的模式分类、回归分析、概率密度估计等。传统机器学习方法共同的重要理论基础之一是统计学，在自然语言处理、语音识别、图像识别、信息检索和生物信息等许多计算机领域获得了广泛应用(中国电子技术标准化研究院，2018；中国通信研究院，2022)。

2)深度学习

深度学习是建立深层结构模型的学习方法，典型的深度学习算法包括深度置信网络、卷积神经网络、受限玻尔兹曼机和循环神经网络等。深度学习又称为深度神经网络(模型层数超过3层的神经网络)。深度学习作为机器学习研究中的一个新兴领域，由Hinton等人于2006年提出。深度学习源于多层神经网络，其本质是给出了一种将特征表示和学习合二为一的方式。深度学习的特点是放弃了可解释性，单纯追求学习的有效性。经过多年的摸索尝试和研究，已经产生了诸多深度神经网络的模型，其中卷积神经网络、循环神经网络是两类典型的模型。卷积神经网络常被应用已空间性分布数据；循环神经网络在神经网络中引入了记忆和反馈，常被应用于时间性分布数据。

深度学习框架是进行深度学习的基础底层框架，一般包含主流的神经网络算法模型，提供稳定的深度学习API，支持训练模型在服务器和GPU、TPU间的分布式学习。部分框架还具备在包括移动设备、云平台在内的多种平台上运行的移植能力，从而为深度学习算法带来前所未有的运行速度和实用性。主流的开源算法框架有TensorFlow、Caffe/Caffe2、CNTK、MXNet、PaddlePaddle、Torch/PyTorch、Theano等(中国电子技术标准化研究院，

2018；中国信息通信研究院，2021）。

3）监督学习

监督学习是利用已标记的有限训练数据集，通过某种学习策略/方法建立一个模型，实现对新数据/实例的标记（分类）/映射，最典型的监督学习算法包括回归和分类。监督学习要求训练样本的分类标签已知，分类标签精确度越高，样本越具有代表性，学习模型的准确度越高。监督学习在自然语言处理、信息检索、文本挖掘、手写体辨识、垃圾邮件侦测等领域获得了广泛应用。

4）无监督学习

无监督学习是利用无标记的有限数据描述隐藏在未标记数据中的结构/规律，最典型的非监督学习算法包括单类密度估计、单类数据降维、聚类等。无监督学习不需要训练样本和人工标注数据，便于压缩数据存储、减少计算量、提升算法速度，还可以避免正、负样本偏移引起的分类错误问题。主要应用于经济预测、异常检测、数据挖掘、图像处理、模式识别等领域，例如组织大型计算机集群、社交网络分析、市场分割、天文数据分析等。

5）强化学习

强化学习是智能系统从环境到行为映射的学习，以使强化信号函数值最大。由于外部环境提供的信息很少，强化学习系统必须靠自身的经历进行学习。强化学习的目标是学习从环境状态到行为的映射，使得智能体选择的行为能够获得环境最大的奖赏，使得外部环境对学习系统在某种意义上的评价为最佳。其在机器人控制、无人驾驶、下棋、工业控制等领域获得成功应用。

6）迁移学习

迁移学习是指当在某些领域无法取得足够多的数据进行模型训练时，利用另一领域数据获得的关系进行的学习。迁移学习可以把已训练好的模型参数迁移到新的模型指导新模型训练，可以更有效地学习底层规则、减少数据量。目前的迁移学习技术主要在变量有限的小规模应用中使用，如基于传感器网络的定位、文字分类和图像分类等。未来迁移学习将被广泛应用于解决更有挑战性的问题，如视频分类、社交网络分析、逻辑推理等。

7）主动学习

主动学习通过一定的算法查询最有用的未标记样本，并交由专家标记，然后用查询到的样本训练分类模型来提高模型的精度。主动学习能够选择性地获取知识，通过较少的训练样本获得高性能的模型，最常用的策略是通过不确定性准则和差异性准则选取有效的样本。

8）演化学习

演化学习对优化问题性质要求极少，只需能够评估解的好坏即可，适用于求解复杂的优化问题，也能直接用于多目标优化。演化算法包括粒子群优化算法、多目标演化算法等。目前针对演化学习的研究主要集中在演化数据聚类、对演化数据更有效的分类，以及提供某种自适应机制以确定演化机制的影响等。

2. 有代表性的公司

我国在机器学习领域著名的公司有百度、第四范式、旷视科技等，下面对这些公司的技术及产品进行简单介绍。

1）百度"PaddlePaddle"

当前的人工智能热潮，离不开机器学习（深度学习）技术的持续突破和广泛应用，机器学习框架是核心基础，相当于智能时代的操作系统（中国日报，2022.8.8）。百度公司是国际和国内机器学习技术的领先者，百度的飞桨（PaddlePaddle）以百度多年的机器学习技术研究和业务应用为基础，是我国首个自主研发、功能完备、开源开放的产业级机器学习框架。

PaddlePaddle 集机器学习核心训练和推理框架、基础模型库、端到端开发套件和丰富的工具组件于一体，并根据本土化特点将开源框架与应用层面做了更好的结合。PaddlePaddle 于 2016 年 9 月正式宣布开源，这使得百度成为继谷歌、Facebook、IBM 后第四家将人工智能技术开源的公司。PaddlePaddle 提供丰富的官方支持模型集合，并推出全类型的高性能部署和集成方案供开发者使用。PaddlePaddle 已被我国企业广泛使用，深度契合企业应用需求，拥有活跃的开发者社区生态。Paddlepaddle 目前已适配 22 种芯片型号，覆盖 15 家硬件厂商，对国产硬件的支持超过其他两个流行开源框架 TensorFlow 和 PyTorch[1][2]。

2）旷视科技"Brain++"

旷视科技也是一家人工智能领域的高科技公司，该公司拥有规模领先的计算机视觉研究院。2017 年以来，旷视科技在各项国际人工智能顶级竞赛中揽获数十项冠军，特别是在计算机视觉领域该公司拥有国际领先的技术。旷视科技拥有自主研发的深度学习开源框架 Brain++，该框架包括深度学习框架 MegEngine、深度学习云计算平台 MegCompute 以及数据管理平台 MegData，将算法、算力和数据能力融为一体。Brain++可针对不同领域的需求定制丰算法组合，向用户提供包括算法、平台及应用软件、硬件设备和技术服务在内的全栈式人工智能解决方案[3]。

3）第四范式"HyperCycle"

第四范式成立于 2014 年，也是我国一家专注于机器学习技术的高科技公司。第四范式发布了"HyperCycle 人工智能机器学习平台"，该平台包括 HyperCycle ML、HyperCycle CV 和 HyperCycle OCR 三大产品，HyperCycle ML 是一个基础的、标准化、全自动的决策类机器学习平台，能够帮助没有足够专业 AI 知识的人员轻松快速构建 AI 应用，其 AI 效果超过 90%的专家建模，并且效果在持续提升。HyperCycle CV 是新一代计算机视觉算法 AI 平台，支持图像分类、目标检测和分隔等场景，小时级别的快速验证效果，低门槛易上手，用户只需标注几十张数据，即可构建专属的视觉模型，其效果也随着标注数据的增加而持续提升。HyperCycle OCR 是新一代图像文字提取算法平台，解决客户大量个性化

---

① 中国网. AI"基建"领头羊 飞桨框架 2.0 来了[N]. 2022.08.08. https：//tech. gmw. cn/2021-04/12/content_34758124. htm.

② 中华网. 践行开源理念 飞桨深度学习平台有多牛[N]. 2022.08.08. https：//tech. gmw. cn/2020-09/29/content_34235243. htm.

③ 北京旷视科技有限公司官网. 2022.08.08. https：//www. megvii. com/about_megvii.

版式的卡证、票据等识别的问题,该平台操作简单,易学易用(深圳市人工智能行业协会,2021)。

8.3.3　计算机视觉

计算机视觉是使用计算机模仿人类视觉系统的科学,让计算机拥有类似人类提取、处理、理解和分析图像以及图像序列的能力。自动驾驶、机器人、智能医疗等领域均需要通过计算机视觉技术从视觉信号中提取并处理信息。近年来随着深度学习的发展,预处理、特征提取与算法处理渐渐融合,形成端到端的人工智能算法技术。根据解决的问题,计算机视觉可分为计算成像学、图像理解、三维视觉、动态视觉和视频编解码五大类。

1. 计算机视觉的分类

1)计算机成像学

计算成像学是探索人眼结构、相机成像原理及其延伸应用的科学。在相机成像原理方面,计算成像学不断促进现有可见光相机的完善,使得现代相机更加轻便,可以适用于不同场景。同时计算机成像学也推动着新型相机的产生,使相机超出可见光的限制。在相机应用科学方面,计算成像学可以提升相机的能力,从而通过后续的算法处理使得在受限条件下拍摄的图像更加完善,例如图像去噪、去模糊、暗光增强、去雾霾等,以及实现新的功能,例如全景图、软件虚化、超分辨率等。

2)图像理解

图像理解是通过用计算机系统解释图像,实现类似人类视觉系统理解外部世界的一门科学。通常根据理解信息的抽象程度可分为三个层次:浅层理解,包括图像边缘、图像特征点、纹理元素等;中层理解,包括物体边界、区域与平面等;高层理解,根据需要抽取的高层语义信息,可大致分为识别、检测、分割、姿态估计、图像文字说明等。目前高层图像理解算法已逐渐广泛应用于人工智能系统,如刷脸支付、智慧安防、图像搜索等。

3)三维视觉

三维视觉是研究如何通过视觉获取三维信息(三维重建)以及如何理解所获取的三维信息的科学。三维重建可以根据重建的信息来源,分为单目图像重建、多目图像重建和深度图像重建等。三维信息理解,即使用三维信息辅助图像理解或者直接理解三维信息。三维信息理解可分为浅层(角点、边缘、法向量等),中层(平面、立方体等),高层(物体检测、识别、分割等)。三维视觉技术可以广泛应用于机器人、无人驾驶、智慧工厂、虚拟/增强现实等领域。

4)动态视觉

动态视觉即分析视频或图像序列,模拟人处理时序图像的科学。通常动态视觉问题可以定义为寻找图像元素,如像素、区域、物体在时序上的对应,以及提取其语义信息的问题。动态视觉研究被广泛应用于视频分析以及人机交互等方面。

5)视频编解码

视频编解码是指通过特定的压缩技术,将视频流进行压缩。视频流传输过程中最重要的编解码标准有国际电联的 H.261、H.263、H.264、H.265、M-JPEG 和 MPEG 系列标准。视频压缩编码主要分为两大类:无损压缩和有损压缩。无损压缩是指使用压缩后的数据进行重构时，重构后的数据与原来的数据完全相同，例如磁盘文件的压缩。有损压缩也称为不可逆编码，指使用压缩后的数据进行重构时，重构后的数据与原来的数据有差异，但不会影响人们对原始资料所表达的信息产生误解。有损压缩的应用范围广泛，例如视频会议、可视电话、视频广播、视频监控等。

近年来，随着算法的更迭、算力的升级、数据的暴发，计算机视觉技术快速发展。特别是在深度学习算法出现后，计算机视觉技术得到了很大的突破，当前已处于相对比较成熟的阶段。计算机视觉通过深度学习来形成神经网络，模仿人类视觉系统进行图像配准、处理和分析。经过全面训练的计算机视觉模型可以开展对象的分类、检测、识别甚至跟踪，具有更强大的特征学习和表示能力。现在的计算机视觉技术已经可以在大多数应用场景中部分或全部替代人工，零售领域用视觉智能技术分析人的行为，机器人领域应用于物流机器人等，智能驾驶领域辅助人类驾驶等。

2. 有代表性的中国企业

1）商汤科技

商汤科技是亚洲最大的 AI 算法提供商，搭建了科技部指定的第一个"智能视觉"开放创新平台，自主研发并建立了顶级的深度学习平台和超算中心，推出了包括人脸识别、图像识别、文本识别、医疗影像识别、视频分析、无人驾驶和遥感等一系列人工智能技术。商汤科技的业务涵盖智能手机、互联网娱乐、汽车、智慧城市以及教育、医疗、零售、广告、金融、地产等多个行业，目前已与国内外 1000 多家知名企业和机构建立合作，包括 SNOW、阿里巴巴、苏宁、中国移动、OPPO、VIVO、小米、微博、万科、融创等。

2）极视角

极视角成立于 2015 年，是专业的计算机视觉算法提供商，创建了全球首家"视觉算法商城"。技术发展方面，极视角是首家将联邦学习系统引入计算机视觉领域并成功落地的企业，自动联合不同的数据模型而不共享数据，免除数据安全问题的忧虑，实现本地训练、持续优化；首创视觉算法模型与 SDK 自动封装、自动测试，高效完成算法测试，输出测试报告，效率提升 10~20 倍。应用落地方面，极视角平台上算法的适用领域包括安防、城市、零售、农业、制造、工地、地产、教育、体育、文娱、运营、交通、物流、印刷、金融、海洋等 100 个细分行业，SKU 数超过 1000，极视角开发者生态人员规模已经达到了 15 万①。

3）腾讯优图

腾讯优图实验室成立于 2012 年，是腾讯公司旗下顶级人工智能实验室。优图聚焦计算机视觉，专注人脸识别、图像识别、OCR 等领域开展技术研发和行业落地，同时专注基础研究、产业落地，与腾讯云与智慧产业深度融合②。技术发展方面，腾讯优图实验室在人脸识别、图像识别、医疗 AI 等领域积累了领先的技术和完整的解决方案。腾讯优图的人脸识别技术曾在国际权威百万级人脸检索库 MegaFace 上排名处于前列，准确率达 83.29%。图像识别技术在国际权威比赛 MOT17（人体跟踪任务）和 MOT15（人体检测跟踪

① 深圳极视角科技有限公司官网. 2022.08.08. https：//www.extremevision.com.cn.
② 腾讯优图实验室官网. 2022.08.08. https：//open.youtu.qq.com.

任务)中取得优异成绩。应用落地方面,腾讯优图的计算机视觉技术主要面向泛娱乐行业、广电传媒行业、互联网行业、工业四大领域,并分别打造了 AI 泛娱乐平台、广电传媒 AI 平台、内容审核平台、工业 AI 平台四大平台产品。其中 AI 泛娱乐平台为短视频直播、互动娱乐、游戏影业、广告营销等泛娱乐行业提供包括人脸融合、人像分割等超过 30 项 AI 基础能力(深圳市人工智能行业协会,2021)。

8.3.4　虚拟现实/增强现实

1. 技术简介

虚拟现实(Virtual Reality,VR)/增强现实(Augmented Reality,AR)是以计算机为核心的新型视听技术,即结合相关科学技术,在一定范围内生成与真实环境在视觉、听觉、触感等方面高度近似的数字化环境。用户借助必要的装备与数字化环境中的对象进行交互,相互影响,获得近似真实环境的感受和体验,通过显示设备、跟踪定位设备、触力觉交互设备、数据获取设备、专用芯片等实现。

虚拟现实/增强现实从技术特征角度,按照不同处理阶段,可以分为获取与建模技术、分析与利用技术、交换与分发技术、展示与交互技术以及技术标准与评价体系五个方面。获取与建模技术研究如何把物理世界或者人类的创意进行数字化和模型化,难点是三维物理世界的数字化和模型化技术;分析与利用技术重点研究对数字内容进行分析、理解、搜索和知识化方法,其难点在于内容的语义表示和分析;交换与分发技术主要强调各种网络环境下大规模的数字化内容流通、转换、集成和面向不同终端用户的个性化服务等,其核心是开放的内容交换和版权管理技术;展示与交换技术重点研究符合人类习惯数字内容的各种显示技术及交互方法,以期提高人对复杂信息的认知能力,其难点在于建立自然和谐的人机交互环境;技术标准与评价体系重点研究虚拟现实/增强现实基础资源、内容编目、信源编码等的规范标准以及相应的评估技术。

目前虚拟现实/增强现实面临的挑战主要体现在智能获取、普适设备、自由交互和感知融合四个方面。在硬件平台与装置、核心芯片与器件、软件平台与工具、相关标准与规范等方面存在一系列科学技术问题。总体来说虚拟现实/增强现实呈现虚拟现实系统智能化、虚实环境对象无缝融合、自然交互全方位与舒适化的发展趋势(中国电子技术标准化研究院,2018)。

2. 发展现状

国内的虚拟现实技术起步较晚,但发展迅速,目前中国 VR、AR 技术在国际上已处于"并跑"状态,总体来说,虚拟现实/增强现实技术包含近眼显示、感知交互、网络传输、渲染计算与内容制作等技术。近眼显示方面,快速响应液晶屏、折从式已规模量产。渲染计算方面,云渲染、人工智能与注视点技术等进一步优化渲染质量与效率间的平衡。内容制作方面,WebXR、OS、OpenXR 等支撑工具稳健发展。感知交互方面,内向外追踪技术已全面成熟,手势追踪、眼动追踪、沉浸声场等技术逐步成熟。网络传输方面,5G 构筑虚拟现实双千兆网络基础设施支撑。但是目前虚拟现实技术仍然存在感知的延伸技术不成熟、实时三维建模技术缺乏、精确定位技术误差大、眩晕和人眼疲劳明显等问题。虚拟现实技术聚焦文化娱乐、教育培训、工业生产、医疗健康、商贸创意等领域,终端出货量稳步增长，AR 与一体式增速显著(深圳市人工智能行业协会，2021)。

3. 代表企业

1) 歌尔智能

歌尔股份有限公司成立于 2001 年 6 月，主要从事声光电精密零组件及精密结构件、智能整机、高端装备的研发、制造和销售。歌尔智能"全面的 VR 系统解决方案"。歌尔股份拥有强大的镜片研发生产能力，成熟的人体工学设计，全面覆盖主流虚拟现实软件和硬件平台的项目经验，为消费者带来更舒适的佩戴体验和更具沉浸感的使用体验，为合作伙伴提供全面的一站式专业研发制造服务。技术发展方面，公司提供一站式垂直整合的系统解决方案，包括光学、ID、结构、电子电路、射频、软件在内的整体设计方案，以及零部件、模具、注塑、校准、组装、自动化在内的整体制造方案。在虚拟现实领域拥有 180 多项专利，技术成果丰富。应用落地方面，广泛应用于虚拟现实头显设备，以及在科普教育、文化旅游、城市规划、展览展示、健康运动等领域提供一站式领先的内容定制开发①。

2) 七鑫易维

七鑫易维致力于机器视觉和人工智能领域，公司自成立以来专注于眼球追踪技术的研发和创新，旨在升级和优化所有终端设备的人机交互体验。技术发展方面，七鑫易维推出 XR 眼动系列产品，建立多模态交互方式，开启全新的眼控时代。Droolon Pil 系列是七鑫易维为小派科技定制的眼球追踪配件，适配多个型号。小派的分辨率最高可以达到双眼 8K，为了降低高分辨率对主机 GPU 形成的巨大压力，Droolon Pil 为小派的 VR 设备提供动态注视点渲染(Foveated Rendering，DFR)功能，提高 VR 内容至少 50% 的运行帧率，显著优化 VR 内容的流畅度，改善用户体验。应用落地方面，广泛应用于眼控交互、虚拟社交等多种 VR 场景，集成于多款 VR/AR 设备中。

8.4 人工智能应用

接下来介绍人工智能主要应用领域，主要从智能制造、智慧城市、智能家居、智能运载工具、公共安全、智能机器人、智能教育、智能金融等方面进行介绍，以及医疗影像识别、视频分析、无人驾驶和遥感等一系列人工智能技术。

8.4.1 智能制造

智能制造是先进信息技术与先进制造技术的深度融合，贯穿于产品设计、制造、服务和回收的全生命周期，旨在不断提升企业的产品质量、效益、服务水平，减少资源消耗，推动制造业创新、绿色、协调、开放、共享发展(张志文，2021；Zhou J.，Li P. G.，Zhou Y. H.，et al.，2018)。在智能制造中，智能产品是主体，智能生产是主线，以智能服务为中心的产业模式变革是主题[17]。智能制造将驱动制造系统向敏捷响应、高质高效、个性定制、绿色健康、舒适人性的方向发展。新一代智能制造是数字化、网络化、智能化制

---

① 歌尔股份有限公司官网. 2022.08.08. https：//www.goertek.com.

造，是新一代人工智能技术与先进制造技术的深度融合(中国电子技术标准化研究院，
2021；李培根，Marik V，高亮，等，2019)。

在我国，大部分企业已经完成了机械化阶段，目前正处于自动化和数字化阶段，智能
化才刚刚开始，智能制造主要集中于企业生产过程中首尾两端，比如来料和成品的运送、
智能仓储等环节，而对智能制造的主体过程，如生产过程的优化涉及得并不多。对此，我
国政府出台多项政策，投入更多的产业扶持资金到智能制造领域，促进智能制造加速发
展，应用新一代人工智能技术提升企业在制造领域数据处理的能力和效率，并形成可以使
用和传承的知识。当前我国涌现一批在智能制造有影响力的企业，如三一科技、汇川技
术、大族激光、华中数控等。

8.4.2 智慧城市

智慧城市(Smart City)是利用新一代信息技术，将城市的系统和服务打通、集成，实
现精细化和动态管理，提升资源利用的效率，优化城市管理和服务，促进城市规划、建
设、管理和服务智慧化的新理念和新模式。智慧城市涉及城市的政务、商务、交通、教
育、医疗、旅游、生态等各个方面。从技术的角度来看，智慧城市利用大数据、移动互联
网、云计算、物联网、遥感技术、空间地理信息集成等技术，实现智慧城市建设所需要的
普适计算、融合应用、泛在互联和全面感知。从社会发展的角度来看，智慧城市更强调以
人为本，实现经济、社会、环境的全面可持续发展。

近年来，我国经济的快速发展使城镇化速度快速提升，为智慧城市的建设奠定了基
础。早在 2008 年，我国就开始探索智慧城市的建设，并在 2012 年陆续开展了一些国家智
慧城市试点工作，此时更多强调的是从技术层面解决城市的信息化问题，有关智慧城市的
政策尚处于摸索阶段。2016 年，我国在"十三五"规划中提出要"建设一批新型示范性智慧
城市"，将智慧城市的理念上升为国家战略。2020 年以来，人工智能、物联网、5G、云计
算、边缘计算等新一代信息技术的发展与应用为智慧城市的融合发展培育了创新土壤，新
冠肺炎疫情也为城市带来了精细化治理的线上新常态。我国智慧城市建设的城市数量快速
增加，发展规模也在同步扩大。目前已经开展的智慧城市、信息惠民、信息消费等相关试
点城市超过 500 个，超过 89%的地级及地级以上城市、47%的县级及以上城市均提出建设
智慧城市。在新冠肺炎疫情的冲击下，智慧城市在实践中经受了考验，也暴露了不足。在
后疫情时期，智慧城市建设在创新协同、为民服务、数据共享、产业赋能、安全保障、绿
色低碳等方面都展现出新的发展导向。我国在智慧城市领域比较著名的企业有华为、腾
讯、联想、旷视科技、同方股份、银江智慧等。

8.4.3 智能运载工具

人工智能技术也深刻地影响着运载工具的发展，目前智能运载工具主要指的是自动驾
驶汽车、无人机等交通工具。自动驾驶汽车又称无人驾驶汽车，主要是依靠人工智能、视
觉计算、雷达、监控、全球定位系统协同合作，通过计算机系统实现自动驾驶的智能汽
车。无人驾驶飞机是利用无线电遥控设备和自备的程序控制装置操纵的不载人飞机，或者
由车载计算机完全地或间歇地自主地操作。

智能运载工具是未来交通领域变革的主流方向，近年来自动驾驶技术发展迅速，多家科研机构和企业的自动驾驶汽车已经在道路上行驶了数千万公里的里程。尽管目前自动驾驶汽车还没有达到商用的阶段，但毫无疑问自动驾驶技术将会成为新一代人工智能技术转化的重要领域。无人机是另一个常见的智能运载工具，目前消费级和工业级的无人机已经开始广泛应用在地理测绘、海洋检测、电力巡检、农业植保、管道巡检等各个领域。

我国有很多自动驾驶汽车和无人机领域优秀企业，如百度公司研发的"Apollo"自动驾驶系统和图森未来的"无人驾驶卡车"系统。百度的"Apollo"系统向开发者提供了最开放、完整、安全的自动驾驶平台，是目前世界上最活跃的自动驾驶开放平台，世界上超过3/4的汽车企业在和百度合作，覆盖了汽车产业的所有环节。图森未来是我国一家专注于"无人驾驶卡车"的企业，该企业拥有我国首张无人驾驶重卡测试牌照。图森未来已经自主研发了一套"无人驾驶卡车生态系统"，该系统除了无人驾驶卡车以外，还包含了定位系统、运营系统和高清地图服务。图森未来的无人驾驶系统已经在国内外开始商用，提供自动驾驶的商业服务。

8.4.4 智能家居

智能家居(Smart Home)是以住宅为平台，使用物联网技术将家中的各种生活设备(如照明设备、空调、网络家电、电动窗帘、安防设备等)连接在一起，构建一种高效便捷的住宅设施及家庭日程管理智能化系统，创造一种舒适、健康、节能环保的智能化居住环境。智能家居系统可以实现灯光、窗帘、各种家用电器的控制，还能提供家庭安防、环境控制、智能传感、智能影音等方面的服务。从市场模式角度可以将智能家居行业分成"前装市场"和"后装市场"，前装市场的参与者主要是地产商；"后装市场"是以小米、阿里巴巴、华为、海尔、美的等企业为代表的平台提供者或方案提供者，其中小米、阿里巴巴和华为公司提供的主要是智能家居开放性平台，海尔和美的公司提供的主要是全屋闭环模式的解决方案。

当前智能家居正朝着智慧化、网络化的方向发展，操作越来越简单，功能越来越强大，研发成本越来越低。小米公司较早就开始关注智能家居市场，自主研发了"AIoT"智能家居平台，以其智能手机、智能电视、智能音箱为中心，培育了庞大的生态链企业，目前已经成为智能家居领域最活跃的企业。

8.4.5 公共安全

公共安全包含多个方面，主要有生产安全、交通安全、食品安全、社会安全等。现在的人工智能技术在公共安全领域的应用主要是交通监控、犯罪侦查、食品安全保障、环境污染和自然灾害监测。从技术层面来看，目前广泛应用于公共安全的人工智能技术主要是图像识别、目标检测、视频分析、大数据处理等。随着数据量的不断增大、算法模型的不断出现以及算力的提高，人工智能技术在公共安全领域的作用越来越明显，特别是在安防和犯罪侦查方面，人工智能技术已经成为不可或缺的重要技术手段。此外，人工智能技术在环境污染和灾害监测、人群异常监测等场景有越来越多的应用。

我国在公共安全领域也有许多优秀企业，海康威视是安防领域著名企业，该公司开发的"综合安防管理平台"能够集成一卡通、报警系统、停车场系统、监控系统中的设备，实现信息的集成和联动。该平台统一了系统所关联的各类资源，应用丰富，通用性好，适用于各种不同场景下的安防业务。

8.4.6　智能机器人

智能机器人是采用机器视觉、路径规划、导航定位、人机接口、多传感器耦合等多项技术，在感知-思维-效应方面能够全面模拟人的机器系统。智能机器人具有感知、识别、判断和规划功能，这是其与传统工业机器人的最大区别。智能机器人能够代替人从事不同场景下的工作，如地面、水下、空中和管道等。管道智能机器人能够在比较恶劣的环境下检测管道的腐蚀、破裂、裂痕等情况，也可以完成管道内部的清洗、抛光、焊接、修复等维护工作。水下智能机器人可以从事海洋矿藏勘探、海洋科学研究、海洋石油开发等工作；微型智能机器人可以结合纳米技术被应用于医学和生物科学领域，以及光学、超精密加工和测量等方面工作。

智能机器人除了能够通过执行指令完成复杂任务外，还能与人或其他设备进行协同工作。目前智能机器人有两个核心技术问题，第一是机器人的自主性，目前的研究主要是致力于提高机器人的自主性和良好的人机交互接口；第二是机器人的适应能力，目前的研究主要是提高机器人感知环境和适应环境的能力。我国在智能机器人领域的研究开始得比较晚，但发展势头良好，经过多年的发展目前已经处于国际上第一方阵，智能机器人已经在物流、安防、教育、医疗、军事等领域被广泛使用。

我国有许多专注于智能机器人技术应用和研发的公司，如优必选、科沃斯、云迹科技、乐聚、普渡科技、海康机器人等公司。优必选公司的"人形机器人"在伺服舵机、机器视觉、运动控制和定位导航等领域拥有自己的核心技术。除此之外，优必选公司还推出了 STEM 教育编程机器人、智能云平台商用服务机器人，公司产品在公共安全、教育、政务、商用服务等领域有较为广泛的应用。科沃斯也是从事智能机器人技术研究的高科技公司，该公司开发了运动平台、人机交互平台、商用机器人服务平台等三大平台，并发布了巡检机器人、大屏营销机器人、金融服务机器人、通用运动底盘等一系列智能机器人产品，产品应用于零售、金融、旅游、医疗和政务诸多领域。

8.4.7　智能教育

智能教育是利用人工智能技术，为学习过程中的人们提供各种智能化的支持。目前常见的智能教育形式有智慧教室、智慧校园、智慧学习终端、教育云平台、微课、学习分析技术与智能测评等。新一代人工智能技术为传统教育提供了新的教学模式和管理模式，也为传统教育注入了新的活力。

我国非常重视智能教育的发展，较早地进行了规划和布局，大力建设各类学校的信息化基础，很多城市已经开始进行教育教学和人工智能融合的探索。一些高科技公司也推出了智能教育的软件平台和硬件产品，助力人工智能在教育领域的应用，推进教育的智能化变革。智能教育代表性的企业有科大讯飞、好未来、乂学教育、流利说、三盛智慧教育等。科大讯飞开发了"FiF 智慧教学平台"，包括智慧课堂、大数据精准教学系统等。"FiF

智慧教学平台"利用人工智能、物联网、大数据等新一代信息技术，根据师生实际需求实施教学内容的传递，实现高质量的实时互动和优质资源共享等在线课堂教学场景，真正实现因材施教和个性化学习，促进学生更加高效地学习。

8.4.8 智能金融

借助于海量金融数据的积累、强大的算力和新的机器学习算法，人工智能技术大大推动了传统金融机构在业务模式和产品上的创新，为用户提供个性化、主动化、精准化的金融服务。比较常见的有智能理财机器人，它可以为用户提供金融咨询、市场分析等服务，能够代替业务人员与用户进行交流和对话。比较有代表性的企业有蚂蚁金服、微众银行、平安科技、氪信科技等。蚂蚁金服推出的"蚂蚁金服 AI"平台像一个操作系统，能够为金融公司提供营销、风险控制等服务，所有操作都通过可视化完成，快速且便捷，该平台已经为世界上超过 12 亿用户提供过金融服务。

从技术发展的角度来看，尽管近年来人工智能技术发展迅速，但人工智能的总体技术还处于初级阶段，未来几年可解释机器学习、多模态人机交互、三维重建、智能传感器将成为重点研究领域。

从发展趋势来看，人工智能在我国将受到越来越多的重视，预计到 2025 年我国人工智能产业规模将超过 3 万亿元。人工智能技术将更多地应用于各个产业，和实体经济深度融合，特别是在智能制造、智能金融、智能医疗等领域，将推动我国实体经济高质量发展。

参考文献与资料

[1]中国信息通信研究院，中国人工智能产业发展联盟. 人工智能技术发展白皮书[M].
技术架构篇，2018.

[2]中国电子技术标准化研究院. 人工智能标准化白皮书，2021.

[3]深圳市人工智能行业协会. 2021 人工智能发展白皮书，2021.

[4]北京地平线机器人技术研发有限公司官网. https：//www. horizon. ai，2022. 8. 8.

[5]中国电子技术标准化研究院. 人工智能标准化白皮书(2018 版)，2018.

[6]中国信息通信研究院. 人工智能白皮书(2020 年)，2022.

[7]中国信息通信研究院，中国人工智能产业发展联盟. 人工智能核心技术产业白皮书，2021.

[8]中国日报. 深度学习框架是智能时代的操作系统 吴甜详解百度飞桨助力产业智能[N]. 2022.08.08. https：//tech. chinadaily. com. cn/a/201907/01/WS5d197b1ba3108375f8f2d5b3. html.

[9]张志文. 智能制造环境下混流生产的供应链物流信息协同机制研究[D]. 洛阳：河南科技大学，2021.

[10]Zhou J., Li P. G., Zhou Y. H., et al. Toward new-generation intelligent manufacturing[J]. Engineering, 2018, 4(1)：11-20.

[11]周济 . 智能制造——"中国制造 2025"的主攻方向[J]. 中国机械工程，2015，26（17）：2273-2284.

[12]李培根，Marik V，高亮，等 . 智能制造专题主编寄语[J]. Engineering，2019，5（04）：9-12.

第 9 章　基于国产自主可控的区块链技术

☞ **学习目标**：了解区块链技术框架、发展和应用，了解国产自主可控区块链技术的发展现状和趋势。
☞ **学习重点**：区块链技术架构、区块链的应用。

9.1　区块链概述

区块链是以分布式方式(即没有中央存储库)实现的明显的防篡改数字账本，通常没有中央权威机构(即银行、公司或政府)。在区块链中，用户社区能够使用该社区内的共享分类账中的记录交易，这样在区块链网络的正常运行下，一旦发布就不能更改任何交易。2008 年，区块链的想法与其他几种技术和计算概念相结合，创造出了现代加密货币，即通过加密机制而不是中央存储库或权威来保护的电子现金。第一个基于区块链的加密货币是比特币(S. Nakamoto，2008)。

2009 年，随着比特币网络的推出，这项技术开始广为人知，这是许多现代加密货币中的第一个。在比特币和类似的系统中(X. Xu，I. Weber，M. Staples，et al.，2017；E. Androulaki，et al.，2018)，代表电子现金的数字信息的转移发生在一个分布式系统中。比特币用户可以通过数字签名，并将其对该信息的权利转移给另一个用户，而比特币区块链将公开记录该转移，允许网络的所有参与者独立验证交易的有效性。比特币区块链由一个分布式的参与者组独立维护和管理。这与加密机制一起，使区块链能够适应以后更改分类账的尝试(修改块或伪造交易)。区块链技术使许多加密货币系统得以发展，如比特币和以太坊。正因为如此，区块链技术通常被视为与比特币或加密货币解决方案绑定。然而，该技术可有更广泛的应用(M. C. Nachiappan，et al.，2015)，并正在对各种领域进行研究。

区块链是加密签名交易的分布式数字账本，它们被分组为块。在验证并进行一致决策后，每个块都以加密方式链接到前一个块(使其明显篡改)。随着新块的添加，旧块变得更加难以修改(创建防篡改)。新的块将在网络中的分类账副本之间复制，并且使用已建立的规则自动解决任何冲突。

9.1.1　区块链技术起源

区块链技术背后的核心思想出现于 20 世纪 80 年代末和 90 年代初。1989 年，莱斯利·兰波特开发了帕克索斯协议，并在 1990 年提交给了《时间议会》。这篇论文最终在 1998 年的某一期上发表。该篇文章描述了一种共识模型，以就计算机或网络本身可能不可靠的计算机网络的结果达成一致。1991 年，一个签名的信息链被用作数字签名文件的电子账本，可以很容易地显示收藏中的签名文件没有被更改（E. Androulaki，et al.，2018）。这些概念在 2008 年被合并应用于电子现金，并在论文《比特币：点对点电子现金系统》中描述，阐述了基于 P2P 网络技术、加密技术、时间戳技术、区块链技术等的电子现金系统的构架理念，论文中还包含了大多数现代加密货币方案所遵循的蓝图，比特币就此诞生。2009 年 1 月 3 日第一个序号为 0 的创世区块诞生。几天后 2009 年 1 月 9 日出现序号为 1 的区块，并与序号为 0 的创世区块相连接形成了链，这标志着区块链的诞生。比特币只是众多区块链应用程序中的第一个。

9.1.2　区块链技术现状

区块链技术是分布式的网络数据管理技术，利用密码学技术和分布式共识协议保证网络传输与访问安全，实现数据多方维护、交叉验证、全网一致、不易篡改（C. Holotescu，2018；M. Nofer，et al.，2017）。作为新一代信息通信技术的重要演进，因其数据不可篡改、透明可追溯等特征，区块链技术正在成为解决产业链参与方互相信任的基础设施——打造信用价值网络，必将在全球经济复苏和数字经济发展中扮演越来越重要的角色（Z. Zheng，et al.，2017）。

随着党中央对区块链技术发展的规划指引，我国区块链明确了以联盟链为基础，围绕服务实体经济、优化公共服务为目标的发展思路，产业发展方向进一步清晰。现阶段广大从业者对区块链的信心持续向好，普遍认可区块链的长期战略性价值。与此同时，政策制定方、技术提供方、系统使用方等各类行业参与者已认识到区块链的发展并非只差临门一脚，而是尚处于行业发展的初期，需要产业结合实际情况，务实地探索区块链的应用落地路径，合力解决赋能实体经济过程中的问题和挑战。从技术层面看，区块链技术还在发展早期，专利申请、学术研究等方面保持活跃，但为了应用尽快落地，行业不再片面地追求新技术创新，而是进入务实发展阶段。具体系统开发过程中，技术要求主要是好用、易用、安全、性能好、支持互操作，技术发展呈现出工程化导向。同时各类区块链产品之间的技术差异逐步缩小，技术提供方将更多精力投入生态构建，降低开发部署门槛，提升用户黏性，吸纳更多的开发者、使用者，以此构建自己的生态壁垒。未来一段时间，区块链行业技术发展将主要聚焦于工程化和生态构建。

区块链构建可信数据共享环境的意义已经获得多方认可，各机构对利用区块链进行可信存证的需求逐步显现，技术使用方渴望以使用易用性强、标准化程度高的区块链通用性产品，对区块链基础设施化的呼声已经出现。各个国家和地区尝试着建设服务地域内多个组织的区块链基础设施，其中主要代表有欧盟 EBSI、美洲开发银行 LACChain 等。此外，我国将多云跨云 BaaS 服务、开放联盟链等作为区块链基础设施的探索。可以看到，区块链基础设施将是未来长远发展方向（Z. Zheng，S. Xie，H.-N. Dai，et al.，2018；W. Yang，S. Gorg，A. Raza，et al.，2018），但具体建设模式仍将在前进中持续探索，不断演进。

9.2 区块链中的关键技术

区块链技术架构示意图如图 9-1 所示，从图中可以看到，区块链技术架构包括数据层、网络层、共识层、智能合约层和应用层，每一层分别完成一项核心功能，各层之间互相配合，实现一个去中心化的信任机制。数据层、网络层和共识层是构建区块链应用的必要因素，否则将不能称之为真正意义上的区块链，而智能合约层和应用层则不是每个区块链应用的必要因素。区块链架构中的关键技术主要包括 P2P 网络技术、非对称加密技术、哈希函数、数字签名技术、默克尔树和共识算法等(H. F. Atlam，G. B. Wills，2019)。

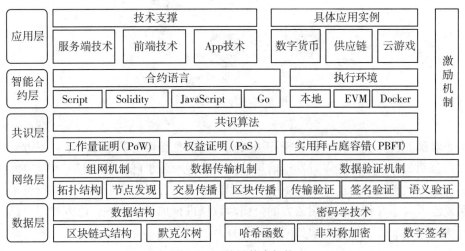

图 9-1　区块链技术架构

9.2.1　P2P 网络技术

P2P 网络即对等网络(Peer-to-peer networking)或对等计算(Peer-to-peer computing)：是一种在对等者(Peer)之间分配任务和工作负载的分布式应用架构，是对等计算模型在应用层形成的一种组网或网络形式，如图 9-2 所示。网络的参与者共享他们所拥有的一部分硬件资源(处理能力、存储能力、网络连接能力、打印机等)，这些共享资源通过网络提供服务和内容，能被其他对等结点(Peer)直接访问而无需经过中间实体。在此网络中的参与者既是资源、服务和内容的提供者(Server)，又是资源、服务和内容的获取者(Client)。区块链是以对等网络为组网模型的一种系统，P2P 技术是区块链的基石。

9.2.2　非对称加密技术

非对称加密算法是一种密钥的保密方法，内含两个密钥：公开密钥(publickey，简称公钥)和私有密钥(privatekey，简称私钥)。公钥与私钥是一对，如果用公钥对数据进行加密，只有用对应的私钥才能解密。因为加密和解密使用的是两个不同的密钥，所以这种算

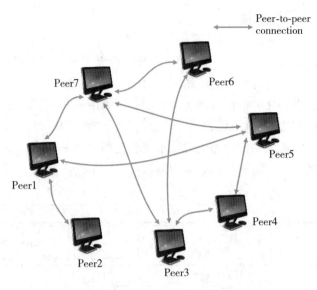

图 9-2　P2P 网络架构

法叫作非对称加密算法。非对称加密算法实现机密信息交换的基本过程是：甲方生成一对密钥并将公钥公开，需要向甲方发送信息的其他角色(乙方)使用该密钥(甲方的公钥)对机密信息进行加密后再发送给甲方；甲方再用自己的私钥对加密后的信息进行解密。甲方想要回复乙方时正好相反，使用乙方的公钥对数据进行加密，同理，乙方使用自己的私钥来进行解密。其加密、解密过程如图 9-3 所示。

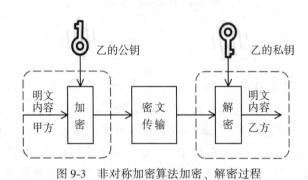

图 9-3　非对称加密算法加密、解密过程

　　常用的非对称加密算法包括 RSA、Elgamal、背包算法、Rabin、D-H、ECC(椭圆曲线加密算法)等。非对称加密算法为区块链提供了安全性保障，在区块链中，常用的非对称加密算法是 ECC。

9.2.3　哈希函数

　　Hash(哈希)，又称"散列"。散列(hash)英文原意是"混杂""拼凑""重新表述"的意思。散列通过计算哈希值，打破元素之间原有的关系，使集合中的元素按照散列函数的分类进行排列。哈希函数(Hash Function)就是一种特殊的数字方程式，也称散列算法，可将任意长度的二进制值映射为较短且固定长度的随机字符串(哈希值)。具体来说，无论输入的是单一字母、单词、句子、整本书籍等，经过哈希函数运算，输出值的长度都是一样的。它是一种单向密码体制，即一个从明文到密文的不可逆映射，只有加密过程，没有解密过程，如图 9-4 所示。

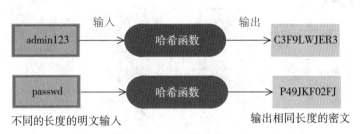

图 9-4 哈希函数运算示意图

在区块链中，区块与 Hash 是一一对应的，每个区块的 Hash 都是针对"区块头"(Head)计算的。例如，Hash = SHA256(区块头)，即通过 SHA256 算法将区块头的内容转变为 Hash 值。

如果有人修改了一个区块，该区块的 Hash 值就变了。为了让后面的区块还能连到它，后面所有的区块必须全部同时修改，否则被改之后的区块就全部脱离了区块链。Hash 的计算很耗时，同时修改多个区块几乎不可能发生，除非有人掌握了全网 51% 以上的计算能力。但掌握一个拥有 2000 万结点的 51% 算力是绝对不可能的，所以说夸克区块是不可篡改的。

常用的哈希算法包括 MD5，SHA1，SHA256 和 SM3 等，如表 9-1 所示，区块链中经常使用 SHA256 对区块信息进行哈希运算。

表 9-1   常用的哈希函数

加密算法	安全性	运算速度	输出大小(位)
MD5	低	快	128
SHA1	中	中	160
SHA256	高	比 SHA1 略慢	256
SM3	高	比 SHA1 略慢	256

9.2.4 数字签名技术

数字签名是只有信息的发送者才能产生的别人无法伪造的一段数字串，这段数字串同时也是对信息的发送者发送信息真实性的一个有效证明。数字签名是一种类似写在纸上的普通的物理签名，但是在使用了公钥加密领域的技术来实现的，用于鉴别数字信息的方法。一套数字签名通常定义两种互补的运算，一个用于签名，另一个用于验证，如图 9-5 所示。

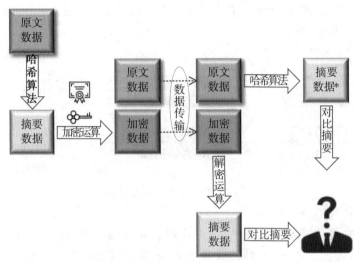

图 9-5　数字签名流程

发送报文时，发送方用一个哈希函数从报文文本中生成报文摘要，然后用发送方的私钥对这个摘要进行加密，这个加密后的摘要将作为报文的数字签名和报文一起发送给接收方，接收方首先用与发送方一样的哈希函数从接收到的原始报文中计算出报文摘要，接着再用公钥对报文附加的数字签名进行解密，如果这两个摘要相同，那么接收方就能确认该报文是发送方的。

数字签名有两种功效：一是能确定消息确实是由发送方签名并发出来的，因为别人假冒不了发送方的签名；二是数字签名能确定消息的完整性。因为数字签名的特点是它代表了文件的特征，文件如果发生改变，数字摘要的值也将发生变化。不同的文件将得到不同的数字摘要。

9.2.5　默克尔树

默克尔树（Merkle Tree），通常也被称作哈希树（Hash Tree），顾名思义，就是存储 Hash 值的一棵树，如图 9-6 所示。默克尔树可以用来验证任何一种在计算机中和计算机之间存储、处理和传输的数据。它们可以确保在点对点网络中数据传输的速度不受影响，数据跨越自由地通过任意媒介，且没有损坏，也没有改变。

在图 9-6 中，数据 a、b、c 和 d 是叶子结点包含的数据，哈希值 a、哈希值 b、哈希值和哈希值 d 是就是叶子结点，它是将数据（也就是 a、b、c 和 d）进行 Hash 运算后得到的 Hash 值，哈希值 ab 和哈希值 cd 是中间结点，它们各是哈希值 a 和哈希值 b 经过 Hash 运算得到的哈希值以及哈希值 c 和哈希值 d 经过 Hash 运算得到的哈希值，需要注意的是，

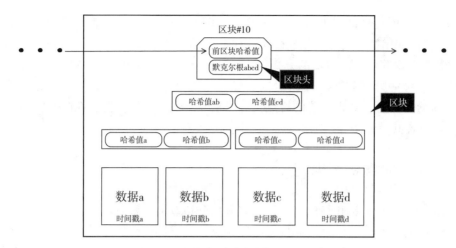

图 9-6 默克尔树

上述过程是把相邻的两个叶子结点合并成一个字符串，然后运算该字符串得到哈希值，将哈希值 ab 和哈希值 cd 再次经过 Hash 运算得到的哈希值就是这棵默克尔树的根哈希值，即图中的默克尔根 abcd。

默克尔树中最下面的大量的叶结点包含基础数据，每个中间结点是它的两个叶子结点的哈希，根结点是由它的下层的两个结点的哈希值，代表了默克尔树的顶部。任意一个叶子结点的交易被修改，叶子结点 Hash 值就会改变，最终导致根 Hash 值的变化。在区块链中，根 Hash 值可以准确地作为一组交易的唯一摘要。

9.2.6 共识算法

共识算法是通过特殊结点的投票，在很快的时间内完成对交易的验证和确认保证全网对交易的合法性达成共识。区块链作为一种按时间顺序存储数据的数据结构，可支持不同的共识算法。共识算法是区块链技术的重要组件，区块链共识算法的目标是使所有的诚实结点保存一致的区块链视图，维护对等网络中数据统一的问题，同时满足两个性质：①一致性：所有诚实结点保存的区块链的前缀部分完全相同；②有效性：由某诚实结点发布的信息终将被其他所有诚实结点记录在自己的区块链中。

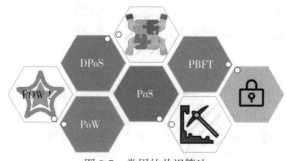

图 9-7 常用的共识算法

　　共识算法的核心是区块的创建和检验，如图 9-7 所示，工作量证明（Proof of Work，PoW）共识算法使用挖矿的方式创建区块，权益证明 PoS（Proof Of Stake，PoS）（A. Kiayias，et al.，2016）共识算法使用铸造的方式构建区块。区块链上采用不同的共识算法，在满足一致性和有效性的同时会对系统整体性能产生不同影响。不同的共识算法都有其适合的应用场景，综合考虑各个共识算法的特点，可以从安全性、可扩展性、性能效率和资源消耗4 个维度评价各共识算法的技术水平。

9.3　国内区块链的发展情况

　　我国区块链政策环境积极向好，企业多领域开拓业务，垂直行业应用落地项目不断涌现，区块链产业蓬勃发展。从总体发展阶段判断，我国区块链产业发展与全球其他国家基本保持同步水平。2018 年，我国新增区块链企业数量迎来高峰。2019 年起，受到风险资本热情减弱、投资自然回落等因素影响，新增区块链企业数量大幅下降。截至 2019 年底，已有超过 80 家上市公司涉足区块链领域，积极部署供应链金融、资产管理、跨境支付、跨境贸易等领域的应用。随着我国区块链产业链逐渐完善，多数区块链企业不只聚焦于某一方面，呈现多领域协同发展态势。据统计，国家互联网信息办公布的 801 个区块链信息服务备案清单中，北京、广州、上海、浙江、江苏、山东为备案企业最多的省市，涌现出了长安链、华为区块链、腾讯区块链和百度区块链等国产自主可控区块链技术。①

9.3.1　长安链

　　长安区块链底层平台是由北京微芯研究院牵头设计和研发的新一代区块链开源底层软件平台，包含区块链核心框架、丰富的组件库和工具集，致力于为用户高效、精准地解决差异化区块链实现需求，构建高性能、高可靠、高可信、高安全的新型数字技术设施。

　　长安链聚焦支撑贸易、金融、信用、碳交易等国计民生重点领域的区块链应用生态建设，进而打造面向未来数字经济的可信数字基础设施，助力我国在全球新一轮数字化革命中赢得竞争优势。长安链包含区块链核心框架、丰富的组件库和工具集，长安链独创深度模块化、可装配、高性能并行执行的区块链底层技术架构，实现抗量子加密算法、可治理流水线共识、混合式分片存储等十余个核心模块全部自主研发，交易处理能力达到 10 万TPS，位居全球领先水平。长安链坚持自主研发，秉承开源开放、共建共享的理念，面向大规模结点组网、高交易处理性能、强数据安全隐私等下一代区块链技术需求，融合区块链专用加速芯片硬件和可装配底层软件平台，为构建高性能、高可信、高安全的数字基础设施提供新的解决方案。

　　软件方面，长安链独创深度模块化、可装配、高性能并行执行的区块链底层技术架构，实现抗量子加密算法、可治理流水线共识、混合式分片存储等十余个核心模块全部自主研发，交易处理能力达到 10 万 TPS，位居全球领先水平。长安链软件平台可实现根据不同的业务场景自动选取和装配适当组件，满足资产交易、数据共享、可信存证等不同需

---

　　①　中国通信院，《区块链白皮书 2020》.

求。硬件方面，全球首创基于 RISC-V 开源指令集的 96 核区块链芯片架构，构建物理安全隔离的高效可信运行环境，实现智能合约的并行加速处理，大幅提升超大规模区块链网络交易性能。

如图 9-8 所示，长安链逻辑架构包括：

(1)共识结点：参与区块链网络中共识投票、交易执行、区块验证和记账的结点。

(2)同步结点：或称见证结点，参与区块和交易同步、区块验证，交易执行，并记录完整账本数据，但不参与共识投票。

(3)轻结点：参与同步和校验区块头信息、验证交易存在性的结点。

(4)SDK：帮助用户通过 RPC 和区块链网络进行连接，完成合约创建、调用、链管理等功能。

(5)区块链浏览器：通过可视化界面为用户展示区块信息、交易信息、结点信息等区块链信息。

(6)管理平台：通过可视化界面方便用户对链进行管理、信息浏览和资源监控等。

(7)合约 IDE：智能合约在线开发环境，长安链所有合约支持语言均可在该 IDE 上开发和编译。

(8)命令行工具集：使用户可以用命令行的方式对链进行部署和管理操作，例如证书生成、链配置、交易发送等。

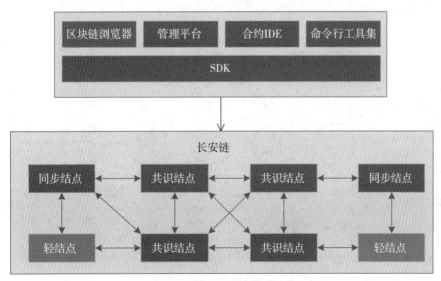

图 9-8 长安链逻辑架构图

长安链通过增强金融服务实体经济能力，支持高新技术企业利用股权、知识产权开展质押融资，规范、稳妥地开发航运物流金融产品和供应链融资产品。长安链凭借点对点的分布式账本技术、非对称加密算法等技术，将供应链中各个企业、银行及相应的未来可预见的现金流信息上链，通过链上数据全流程不可篡改、可追溯及永久存储等技术方式实现可完整穿透的数据追溯和审计，如图 9-9 所示。

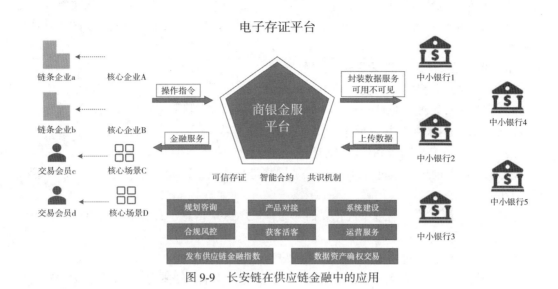

图 9-9　长安链在供应链金融中的应用

长安链聚合产业链上下游相关信息，实现碳交易从排放权获取、交易、流通，到交易核销、统计的全流程数据上链存储与可信共享应用，支撑政府加快完善碳交易机制，促进碳交易市场的透明化、有序化、便捷化，如图 9-10 所示。

图 9-10　长安链在碳交易中的应用

未来长安链将持续聚焦支撑贸易、金融、信用、碳交易等国计民生重点领域的区块链应用生态建设，不断拓展，打造面向未来数字经济的可信数字基础设施，助力我国在全球新一轮数字化革命中赢得竞争优势。

9.3.2 华为区块链

华为区块链①以融合技术为基础，不仅结合安全多方计算技术、可信执行环境技术等保障区块链技术自身应用的安全，并且保障业务流在流转中的安全，而且华为区块链结合华为综合的技术特点，将软硬技术融合在区块链架构中，实现区块链+，形成从数据流的录入到数据流的分析，从数据云平台到网络及芯片的端到端支撑，形成全民的区块链服务架构，为区块链基础设施奠定坚实的技术能力，可实现真正的链上数据确权、信息存储锚定，广泛的数据协同等以数据安全流转为目标的应用实施，形态成为数字基建的新基石。

华为区块链服务整体架构(如图 9-11 所示)分为四层：基础设施层、基础 BaaS 层、区块链基础服务层、行业应用场景层。

图 9-11　华为区块链技术架构

基础设施层：通过云环境，IOT 设备或者专有设备在专有或者公有网络上提供必要的计算资源、存储资源、网络资源等基础设施支撑。为系统提供扩展存储、高速网络、安全芯片及按需弹性伸缩和故障自动恢复的结点等资源。

基础 BaaS 层：基础 BaaS 层是在基础区块链底座和基础跨链底座的基础上封装了中间件服务，为上层应用提供必要的底层服务及扩展的能力。基础区块链底座是基于自研的华为链和华为增强版 Hyperledger Fabric 通过高安全的密码学技术保证传输和访问安全，支持在海量结点组网的网络环境下，使用华为自研高性能共识算法，确保链上数据的一致

---

① 华为技术有限公司. 华为区块链白皮书 2021，2021 年.

性、安全性及区块链应用的稳定运行。基础跨链底座通过华为自研跨链流程，通过中继链及可信硬件提供一整套可信安全的跨链体系架构，保证不同链数据交互的一致性、可追溯及可审计等。

区块链基础服务层：区块链基础服务发挥区块链融合云计算的技术优势，为区块链开发提供便捷、高性能的区块链系统和基础设施服务。便于政府、企业和开发人员高效地使用区块链，快速构建和维护区块链应用；同时支持对不同的区块链平台进行统一资源管理、统一身份认证、统一运营监管、统一生态协同。平台提供可视化部署能力，实现一键式区块链网络的自动化创建，异构区块链的一键接入，解决上链难的问题，降低区块链使用门槛。

行业应用场景层：行业应用场景层是各类管理和服务主体根据业务协同需求构建的链上应用，华为的应用场景主要应用于政务、金融，医疗，司法等各个领域。

华为区块链秉承做好筑基者推动区块链基础设施服务数字经济发展。区块链要服务数字经济需要坚实的技术能力及未来的技术演进能力，华为区块链核心技术重点体现如下关键能力：高性能、高扩展性、高安全性、高可靠性、高效的互联互通性及软硬协同性。

根据市场调查和华为区块链实践，区块链现阶段应用热点主要分布在政务与金融两个板块，如图 9-12 所示。区块链在金融、政府服务、司法等领域的应用发展尤为活跃，占总体落地项目的 31%、29% 和 12%。同时，区块链在医疗健康、产品溯源领域的应用也在加快推进。

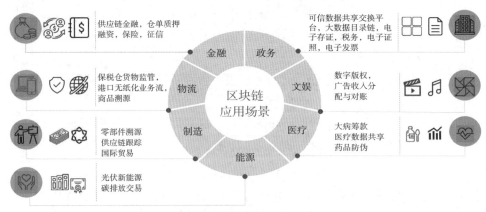

图 9-12　华为区块链应用的行业领域

如图 9-13 所示，某市目录区块链利用区块链的分布式存储、不可篡改、共识及合约机制等特点，将政府各部门的职责目录和关键数据目录"上链"锁定，实现数据与职责的强关联、数据变化的实时探知，及数据访问的全程留痕，保证各部门目录的可见、可用、可考核，从根本上解决目录不全、目录与数据"两张皮"、目录变更和数据共享授权随意、数据更新不及时等传统"老大难"问题。

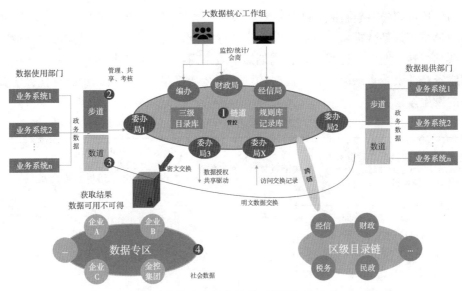

图 9-13　华为云某市目录区块链解决方案

基于华为区块链的商业医保直赔系统，如图 9-14 所示，整合政府部门、医疗机构、保险机构等数据，所有参与方共享一个包含公民全量信息、医院就诊数据、保险服务数据的加密账本，投保商业医保的患者省去复印病历、跑保险公司、等待结账等麻烦的手续，出院后在医联体 App 上申请，用户在 App 上申请保险理赔，保险机构自动调用智能合约，根据医院上传的就诊信息和个人缴纳的保险信息给出理赔结果，实时办理商保结算业务，快速获得理赔。

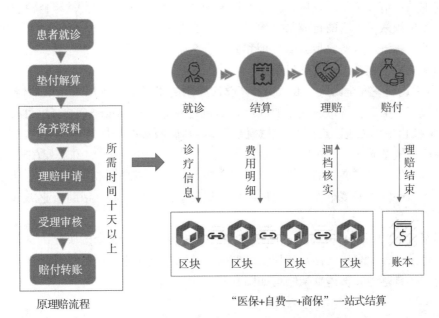

图 9-14　华为区块链在医疗保险中的应用模式

华为区块链+供应链金融(图 9-15)对比传统业务模式,优势主要体现为:实现四流合一,区块链难篡改使数据可信度高,降低企业融资及银行风控难度;风控数据获取、合同签订、票据流转等业务执行线上化,周期短、效率高;凭证可多级拆分融资,解决非一级供应商融资难、资金短缺问题;智能合约固化资金清算路径,极大减少故意拖欠资金等违约行为的发生。

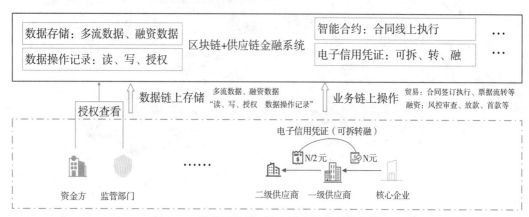

图 9-15　华为区块链+供应链金融的系统架构

9.3.3　腾讯区块链

腾讯公司在自主创新的基础上,打造了提供企业级服务的"腾讯区块链"解决方案。[①]基于"开放分享"的理念,腾讯将搭建区块链基础设施,并开放内部能力,与全国企业共享,共同推动可信互联网的发展,打造区块链的共赢生态。腾讯在支付与金融、社交、媒体等多个领域积累了丰富的行业与技术经验,在高并发的交易处理方面取得了业界领先的突破;此外,腾讯还具备海量数据处理和分析、金融安全体系构建的能力,在云生态和行业连接的探索上也积累了丰富的经验。

在"自主创新、安全高效、开放共享"设计原则的指导下,腾讯可信区块链方案的整体架构分成三个层次:腾讯区块链的底层是腾讯自主研发的 Trust SQl 平台,Trust SQL 通过 SQL 和 API 的接口为上层应用场景提供区块链基础服务的功能。核心定位于打造领先的企业级区块链基础平台。中间是平台产品服务层为 Trust Platform,在底层(Trust SQL)之上构建高可用性、可扩展性的区块链应用基础平台产品,其中包括共享账本、鉴证服务、共享经济、数字资产等多个方向,集成相关领域的基础产品功能,帮助企业快速搭建上层区块链应用场景。

应用服务层(Trust Application)向最终用户的提供可信、安全、快捷的区块链应用,腾讯未来将携手行业合作伙伴及其技术供应商,共同探索行业区块链发展方向,共同推动区块链应用场景落地。整体框架结构如图 9-16 所示。

---

① 腾讯研究院. 腾讯区块链技术白皮书,2017 年.

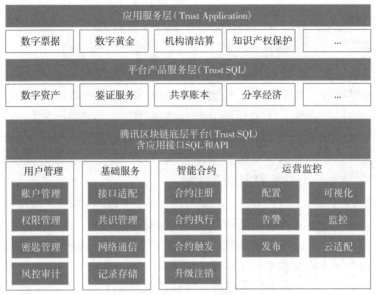

图 9-16 腾讯区块链技术架构

腾讯区块链提供了高可用性、可扩展的区块链应用基础平台，具备完善的新旧系统兼容/切换能力、全新的系统安全能力和适用多场景的用户隐私保护能力。通过此平台，各领域的合作伙伴可以快速搭建上层区块链应用，帮助企业将精力聚焦在业务本身和商业模式的运营上，让用户、商户、机构在多样化的应用场景中受益。基于腾讯区块链基础平台，区块链技术的应用范畴，可以涵盖货币、金融、经济、社会的诸多领域。从区块链应用价值角度出发，我们总结腾讯区块链方案使用场景方向，具备分为：鉴证证明、共享账本、智能合约、共享经济、数字资产等五大类，如图 9-17 所示。

图 9-17 腾讯区块链应用场景

9.3.4　百度超级链

百度研发的 XuperChain 简称超级链，是一个支持平行链和侧链的区块链网络①。在 XuperChain 网络中，有一条特殊的链——Root 链。Root 链管理 XuperChain 网络的其他平行链，并提供跨链服务。其中基 Root 链诞生的超级燃料是整个 XuperChain 网络运行消耗的燃料。Root 链有以下功能：①创建独立的一条链；②支持与各个链的数据交换；③管理整个 XuperChain 网络的运行参数。XuperChain 是一个能包容一切区块链技术的区块链网络，其平行链可以支持 XuperChain 的解决方案，也同时支持其他开源区块链网络技术方案。除此之外，XuperChain 还具有以下特点：

（1）可插拔共识机制：百度 XuperChain 采用可插拔的共识机制，一方面，XuperChain 不同的平行链允许采用不同的共识机制，以此来满足不同的共识应用需求，用户可以通过 API 创建自己的区块链，并指定初始的共识机制。XuperChain 的共识机制包括但不限于 POW、POS、PBFT、中心化共识（Raft）等。

另一方面，XuperChain 还支持在任意时刻通过投票表决机制实现共识的升级，从而实现共识机制的热升级。XuperChain 提供可插拔共识机制，通过提案和投票机制，升级共识算法或者参数，如图 9-18 所示。

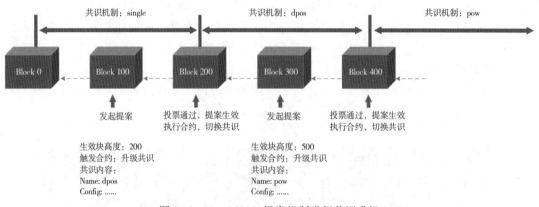

图 9-18　XuperChain 提案机制进行共识升级

（2）链内并行技术：当下区块链技术的实现是将所有事物打包后顺序执行。随着智能合约越来越复杂，如果顺序执行智能合约，高并发度将难以实现，而且也不能充分利用多核和分布式的计算能力。为了让区块里面的智能合约能够并行执行，XuperChain 将依赖事务挖掘形成 DAG 图，并由 DAG 图来控制事务的并发执行，如图 9-19 所示。

（3）隐私保护与安全：超级链支持多种主流的隐私保护和安全机制，包括但不限于：通过获取用户设备上产生的随机熵，来生成随机数种子，再通过密钥衍生推导函数来加强随机性，最后生成 ECC 的公钥私钥对；引入分层加密技术来降低密钥被泄露和破解的可

---

①　百度区块链实验室. 百度区块链白皮书 V1.0，2018 年.

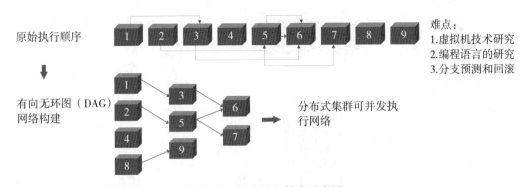

图 9-19　链内并行技术示意图

能性。也防范了通过交易记录猜测个人隐私的可能；为了防止地址碰撞和输入错误，使用高强度的散列和摘要算法以及校验码来保证地址合法性；引入语言亲和性的助记词技术，用户只要记住助记词，就可以恢复自己的数字钱包。

百度云融合百度区块链实验室的最先进技术，在区块链商业化进行全面地探索和实践。百度云的区块链服务（BaaS）结合云计算的资源、部署、交付和安全等系统能力，将区块链平台进行云端系统化和产品化，并有序地输出至金融、物联网、游戏等行业，赋能合作伙伴，构建行业区块链的战略联盟和标准。

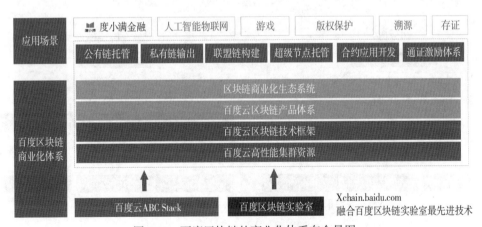

图 9-20　百度区块链的商业化体系布全景图

百度百科区块链业务逻辑如图 9-21 所示，深色部分表示百科内容编辑的业务流程，浅色部分表示区块链相关业务流程。整个业务逻辑在现有百科内容编辑的流程下，实现了区块链功能：在用户提交词条版本后，将版本内容的签名信息写入百度区块链，以提供对用户版本内容的认证能力。在历史版本页面新增"区块链信息"入口，用户可以主动发起对区块链信息的查询和鉴别。

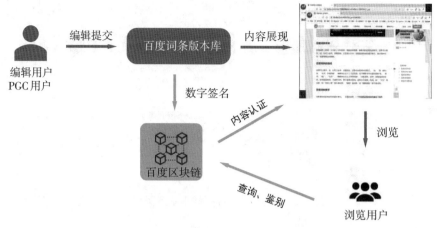

图 9-21　百科区块链业务逻辑

　　百度 XuperChain 利用自身优势及区块链技术提出百度会学区块链解决方案，试图解决现阶段个体教育信息存在的问题，如图 9-22 所示。教育区块链项目的愿景是为用户创建一个去中心化的、安全加密的、真实的受教育及工作等信息的升学就业身份证明，力求在 K12 学生的升学、留学以及毕业学生就业场景产生实用价值。一方面，用户学历及非学历教育经历是其升学、实习、就业的真实信息背书；另一方面，可信数据的流转可以省去企业在招聘过程中花费的高额背调成本。

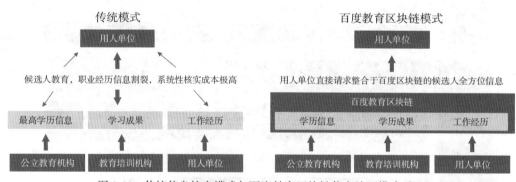

图 9-22　传统信息核实模式与百度教育区块链信息认证模式对比

　　除此之外，百度 XuperChain 还推进"区块链+传统产业"升级、"区块链+教育"、"区块链+金融"、"区块链+文化"、"区块链+知识产权"等领域的 DApp 开发，充分发挥全链路共享共治，让数据多跑路、百姓少跑腿，不断提升公共服务均等化、普惠化、便捷化水平。

9.4　国内区块链存在的问题及提升措施

　　作为多种技术的集成系统，区块链自身在可扩展性、性能、安全性等方面仍存在技术屏障。区块链跨链互通不仅涉及数据的可信交互，还需实现身份互认、共识转换和治理协同，当前不同系统的实现方案不同，加剧了跨链互通的难度，导致"链级孤岛"问题日益突出，影响区块链网络的互操作性。此外，区块链解决方案在应用过程中既要实现数据共享，又要注意隐私保护，处理不当则可能造成数据泄露或违反相关法律法规。此外，虽然我国专利申请量排名靠前，但开源社区话语权弱，核心技术研发和基础算法方面投入不足。区块链技术应用仍处在起步探索阶段，在实际落地推广中难度尚存。一是技术不成熟制约商业应用落地。性能、安全、可扩展性等问题阻碍大规模应用。二是龙头企业带动效应尚未凸显。目前产业龙头企业对区块链的应用大多处于内部的场景探索和试用阶段，要进入规模化的推广阶段尚有时日。三是中小企业应用动力不足。部署区块链系统需要对原有业务系统进行改造，初期投入成本较高，部分项目短期内产生经济效益不明显。四是分布式、合作共赢的商业模式与现有体制机制存在冲突。企业对上链数据共享的机制、治理和程度存疑，缺乏成员间有效推动产业链上下游实现数据共享、资源互通。

我国的区块链相关企业行业应当有意识地拥抱信息化大潮，积极拥抱新技术，改造痛点明显的业务场景，探索和试点新的业务模式，兼顾业务质量的同时体验信息化带来的高效便利。区块链企业结合对业务逻辑的研究，开展垂直应用特点相关的区块链核心技术攻关、产品开发和集成测试，在共识机制、智能合约、信息加密等核心领域形成自主知识产权体系，提高关键共性技术供给能力，推动相关技术跨行业、跨部门、跨地域的成果转化。加快推进区块链在金融、政务民生、供应链管理、智能制造等领域的应用试点，着力打造一批拥有自主知识产权、具有国际竞争力的区块链拳头产品。

参考文献

[1] S. Nakamoto. Bitcoin：A peer-to-peer electronic cash system. 2008.

[2] X. Xu, I. Weber, M. Staples, L. Zhu, J. Bosch, L. Bass, et al. A taxonomy of blockchain-based systems for architecture design[J]. In 2017 IEEE International Conference on Software Architecture (ICSA), 2017：243-252.

[3] E. Androulaki, A. Barger, V. Bortnikov, C. Cachin, K. Christidis, A. De Caro, et al., Hyperledger fabric：a distributed operating system for permissioned blockchains[J]. in Proceedings of the Thirteenth EuroSys Conference, 2018：30.

[4] M. C. Nachiappan, P. Pattanayak, S. Verma, and V. Kalyanaraman. Blockchain technology：beyond Bitcoin[J]. Sutardja Center for Entrepreneurship & Technology, 2015.

[5] C. Holotescu. Understanding blockchain technology and how to get involved[J]. The 14th International Scientific Conferencee Learning and Software for Education Bucharest[J]. April, 2018：19-20.

[6] M. Nofer, P. Gomber, O. Hinz, D. Schiereck. Blockchain[J]. Business & Information Systems Engineering, 2017, 59：183-187.

[7] Z. Zheng, S. Xie, H. Dai, X. Chen, H. Wang. An overview of blockchain technology：Architecture, consensus, and future trends[J]. In 2017 IEEE International Congress on Big

Data（BigData Congress）, 2017: 557-564.

[8] Z. Zheng, S. Xie, H. -N. Dai, X. Chen, H. Wang. Blockchain challenges and opportunities: A survey[J]. International Journal of Web and Grid Services, 2018(14): 352-375.

[9] W. Yang, S. Garg, A. Raza, D. Herbert, B. Kang. Blockchain: trends and future[J]. In Pacific Rim Knowledge Acquisition Workshop, 2018: 201-210.

[10] H. F. Atlam, G. B. Wills. Technical aspects of blockchain and IoT[J]. Role of Blockchain Technology in IoT Applications, 2019, 115: 1.

[11] A. Kiayias, I. Konstantinou, A. Russell, B. David, R. Oliynykov. A Provably Secure Proof-of-Stake Blockchain Protocol[J]. IACR Cryptology ePrint Archive, 2016: 889.

第10章 总 结

10.1 国产自主可控计算机生态系统存在的问题

近几十年，国产自主可控计算机相关技术经过了长足的发展，并取得了非凡的成就，目前，我国计算机相关技术还存在以下问题：

(1)技术水平不足：国产自主可控计算机生态系统的技术水平相对较低，与国际领先水平相比有一定的差距。这导致在性能、功能和安全性等方面存在一些不足之处。

(2)缺乏完整的生态链条：自主可控计算机生态系统中缺乏完整的生态链条，包括硬件、操作系统、应用软件以及配套服务等。这限制了企业和用户选择、使用和开发相关产品的能力。

(3)应用生态薄弱：国产自主可控计算机生态系统中应用软件薄弱，特别是生产力工具和行业专用软件的数量和质量有待提高。这会限制企业和个人在使用计算机时的效率和便利性。

(4)生态系统闭塞：国内自主可控计算机生态系统的发展受到一些政策和市场因素的影响，其开放程度相对较低。这使得合作伙伴难以参与其中，造成了资源的浪费和创新的局限。

(5)安全性挑战：在自主可控计算机生态系统中，安全性是一个紧迫的问题。因为缺乏相关经验和技术，国内产品在面对复杂的网络安全威胁时可能更加容易受到攻击和侵害。

(6)缺乏标准与规范：自主可控计算机生态系统中缺乏统一的标准与规范，这造成了产品和技术之间的互操作性问题。没有共同的标准和规范，可能会增加开发和集成的难度，限制了产业协同发展的能力。

(7)创新动力不足：自主可控计算机生态系统在创新方面还存在一定的不足。缺乏足够的创新动力可能使得技术进步和产品更新速度相对较慢，在全球竞争中处于劣势位置。

(8)用户认可度有限：国产自主可控计算机生态系统在用户认可度方面仍然面临一些挑战。由于品牌知名度和用户口碑的不足，用户在选择时可能更倾向于国际知名品牌的产品和解决方案。

(9)人才储备不足：自主可控计算机生态系统在相关领域的人才储备相对不足。这意味着企业在产品研发、技术支持和服务等方面可能会面临人员短缺的挑战，从而限制了整个生态系统的发展。

(10)缺乏全球影响力：国产自主可控计算机生态系统在全球范围内的影响力仍然有

限。缺少国际市场的认可和接受度，使得国内产品难以在全球市场上获取更多机会和份额。

要解决这些问题，需要加强自主可控计算机生态系统的研发能力和技术实力，促进产业链条的完善和协同创新，积极引进外部合作伙伴，提高应用软件的质量和数量，以及加大对信息安全的投入和研究。同时，也需要政府支持和政策调整，营造良好的市场环境，加强行业间的合作与协同创新，鼓励标准化和规范化的发展，提高自主可控计算机生态系统的整体竞争力，加大对人才培养和引进的支持力度，建立健全的技术创新体系，提高产品质量和用户体验，增强国内自主可控计算机生态系统的竞争力和影响力，促进国内自主可控计算机生态系统的创新和发展。

10.2　国产自主可控计算机生态系统发展趋势

未来，国产自主可控计算机生态系统发展的方向包括以下几个方面：

（1）技术突破与创新：随着国内科技水平的提升和人才储备的增加，预计国产自主可控计算机生态系统将实现技术上的突破和创新。这包括处理器架构、操作系统、编程语言等核心技术的发展和改进。

（2）基础设施建设与标准化推动：为了促进自主可控计算机生态系统的整体发展，国家或行业组织可能会加强基础设施的建设和标准化工作。这将有助于打破行业壁垒，促进生态链条的完善和互操作性的提高。

（3）加强安全保障与数据隐私保护：随着信息安全问题日益严峻，国产自主可控计算机生态系统将更加注重安全保障和数据隐私的保护。这可能会涉及硬件安全、软件安全、网络安全等多个方面，在技术和政策层面持续加强保护措施。

（4）加速应用场景和解决方案的拓展：国产自主可控计算机生态系统将逐渐拓展应用场景和解决方案的范围，涵盖工业、农业、医疗、金融等不同领域。这将需要通过技术创新和合作推动行业数字化转型和智能化发展。

（5）国际合作与全球市场拓展：为了提升国产自主可控计算机生态系统的全球影响力，国内企业可能会加强与海外厂商和合作伙伴的合作，共同推进技术研发、产品开发和市场拓展。同时，积极参与国际标准制定和国际组织合作，以增强在全球市场的竞争力。

（6）人才培养与技术人员储备：为了满足自主可控计算机生态系统持续发展的需要，国家将加强相关专业人才的培养和引进工作。通过加大投入和建设高水平的科研机构和教育培训机构，培养出更多具备核心技术和领导力的人才。

综上所述，国产自主可控计算机生态系统在未来将迎来技术突破和创新，加强安全与隐私保护，拓展应用场景和解决方案，重点加强人才培养和标准化工作，并通过国际合作提升全球竞争力。